建筑设计的艺术性研究

陈肃明　顾晶彪　魏献忠 ◎ 著

吉林出版集团股份有限公司

图书在版编目（CIP）数据

建筑设计的艺术性研究 / 陈肃明，顾晶彪，魏献忠

著．— 长春：吉林出版集团股份有限公司，2022.9

ISBN 978-7-5731-2328-2

Ⅰ．①建… Ⅱ．①陈… ②顾… ③魏… Ⅲ．①建筑设

计—研究 Ⅳ．①TU2

中国版本图书馆 CIP 数据核字 (2022) 第 175516 号

建筑设计的艺术性研究

著　　者	陈肃明　顾晶彪　魏献忠
责任编辑	滕　林
封面设计	林　吉
开　　本	787mm×1092mm　　1/16
字　　数	190 千
印　　张	8.5
版　　次	2022 年 9 月第 1 版
印　　次	2022 年 9 月第 1 次印刷
出版发行	吉林出版集团股份有限公司
电　　话	总编办：010-63109269
	发行部：010-63109269
印　　刷	廊坊市广阳区九洲印刷厂

ISBN 978-7-5731-2328-2　　　　　　　　　　定价：68.00 元

前　言

随着社会化进程的不断加快，人民生活得到了较大改善，这就使得市场侧重点发生了一定转变，由最初对物质的追求转变为对美、对艺术的追求。为了满足市场需求，建筑设计与环境艺术设计应当在原有基础上高效融合，确保发展方向能够与人们的审美需求相结合。通过对建筑层次更加丰富、美感更为显著的艺术设计，不仅能够促使建筑功能不断优化，更能进一步提升建筑的美观性，带给人们全新的视觉冲击。因此，在对建筑物进行环境艺术设计时应当不断追随时代发展潮流，促使建筑设计与环境艺术设计协调统一。

本书内容主要讲述建筑设计理论、园林建筑设计以及绿色建筑的设计，最重要的是对建筑的艺术性与设计进行详细探索，并提出对建筑设计与环境艺术的创新策略。本书编写侧重于理论的系统性，力争做到与目前工程建设和学科专业发展同步，使本书更具针对性和实用性。

在书稿编写过程中，参考了本专业一些相关教材和资料，谨在此一并表示感谢。部分图片来自网络，因无法找到原作者，所以没有注明出处，在此深表歉意。限于编者的学术水平有限和资料收集不充分等原因，书中还存在许多欠缺之处，敬请各位专家、同行、老师、学生给予批评指正。

目　录

第一章　建筑设计理论研究

第一节　高层建筑设计

当前，城市的高层建筑在外部造型设计上多追求建筑形象的新、奇、特，都想表现自己，突出自己，而这样做的结果只能使整个城市显得纷繁无序、建筑个体外部体量失衡，缺乏亲近感，拒人于千里之外。造成这种现象的主要原因是由于缺乏对高层建筑的外部尺度的推敲，所以，针对高层建筑的外部尺度进行研究是很有必要的。

首先定义一下尺度，所谓的尺度就是在不同空间范围内，建筑的整体及各构成要素使人产生的感觉，是建筑物的整体或局部给人的大小印象与其真实大小之间的关系问题。包括建筑形体的长度、宽度、整体与整体、整体与部分、部分与部分之间的比例关系，以及对行为主体产生的心理影响。高层建筑设计中尺度的确难以把握，因它不同于日常生活用品，不像日常生活用品那样很容易根据经验做出正确的判断，一是高层建筑物的体量巨大，远远超出人的尺度；二是高层建筑物不同于日常生活用品，在建筑中有许多要素不是单纯根据功能这一方面的因素就能决定大小和尺寸的。例如门，本来略高于人的身高尺度就可以了，但有的门出于别的考虑设计得很高，这些都会给辨认尺度带来困难。设计高层建筑时，不能单单重视建筑本身的立面造型，而应以人的尺度为参考系数，充分考虑人的观察视点、视距、视角，从宏观的城市环境到微观的材料质感的设计都要创造良好的尺度感。高层建筑的外部尺度主要分为五种：城市尺度、整体尺度、街道尺度、近人尺度、细部尺度。

一、高层建筑设计中的外部尺度

（一）城市尺度

高层建筑是一座城市的有机组成部分，因体量巨大，常作为城市的重要景点，对城市产生重大的影响。这种影响表现在高层建筑对城市天际线的影响，城市天际线有实、虚之分，实的天际线即是建筑物的轮廓，虚的天际线是各建筑物顶部之间连接的光滑曲线，高层建筑在城市天际线中起着重要的作用，因城市的天际线从很远的地方就可以看见，所以是城市给进入城市的人的第一印象。因此，高层建筑尺度的确定应与整个城市的尺度相一致，不能脱离城市、自我夸耀、唯我独尊，否则不利于优美、良好天际线的形成，会直接影响到城市景观。高层建筑对城市整体或局部产生的影响主要是针对市内比较开阔的地方。因此，城市天际线不仅影响人从城市外围所看的景观，也直接影响到城市内人们的生活与视觉感受。高层建筑对城市各构成要素也会产生重大的影响，因此高层建筑的位置、高度的确定，应充分考虑城市尺度、当地文化，不当的尺度会对城市产生不良的影响，不仅破坏城市传统的历史文化，也破坏原来城市各个构成要素之间协调的比例关系。

（二）整体尺度

整体尺度是指高层建筑各个构成部分，如裙房、建筑主体和建筑顶部等主要体块之间的相互关系及给人的感觉。整体尺度是设计师十分注重的元素，关于建筑整体尺度的均衡理论有许多，但都强调了整体尺度均衡的重要性。面对一栋建筑物时，人的本能是能把握该栋建筑物的空间秩序，若不能做到这一点，人对该建筑物会有一种毫无意义的混乱和不安的感受。因此，对建筑物的整体尺度的掌握是十分重要的，在设计时要格外注意。

各部分尺度比例的协调。高层建筑一般由三个部分组成——裙房、建筑主体和建筑顶部，有些建筑会在设计中加入活泼元素，以使整栋建筑造型生动活泼。造型美是建立在很好地处理了部分之间的尺度关系的基础上的，而这三个部分尺度的确定，应有一个统一的尺度参考系（如把建筑的某一层高度作为参考系），不能各部分的尺度参考系都各不相同。

高层建筑中各部分细部尺度应有层次性。高层建筑各部分细部尺度的划分是建立在整体尺度的基础上，各个主要部分应有更细的划分，尺度也应划分出等级，才能使各个部分的造型构成更加丰富。尺度等级最高部分可以是高层建筑的某一整个部分（如裙房、建筑主体和建筑顶部），最低部分通常采用层高、开间的尺寸、窗户、阳台等这些为人们所熟知的部件尺度，使人们观察该建筑时容易把握尺度的大小。一般在最高和最低等级之间还会有 1 ~ 2 个尺度等级，不宜过多，太多易使建筑造型复杂，难以把握。

（三）街道尺度

街道尺度是指高层建筑临街面的尺度对街道行人的视觉影响。这是人对高层建筑的近距离感知，也是高层建筑设计中重要的一环。临近街道的高层建筑部分尺度的确定，要考虑到街道行人的舒适度，高层建筑主体尺度过大，宜使底层的裙房置于沿街部分。减少高层建筑对街道的压迫感。例如上海南京路两边的高层建筑置于裙房后面，形成了良好的购物环境。为了保持街道空间及视觉的连续性，高层建筑临街面应与沿街其他建筑的尺度相一致，宜有所呼应。如在新加坡，为了不使新区高层建筑和老区低层建筑截然分开，为临近老区一侧的新区高层建筑设计了与低层建筑尺度相同或相似的裙房，形成了良好的对应关系。

（四）近人尺度

近人尺度是指高层建筑底层及建筑物的出入口的尺寸给人的感觉。这部分经常为使用者所接触，也易被人们仔细观察，是人们对建筑产生直接感触的重要部分。尺度设计应以人的尺度为参考系，不宜过大或过小，过大易使建筑缺少亲近感，过小则减弱了建筑的尺度感，使建筑犹如玩具。

在设计近人尺度时，应特别注意建筑底层及入口的柱子、墙面的尺度划分，檐口、门、窗及装饰的处理。对入口部分及建筑周边空间加以限定，创造一个由街道到建筑的过渡缓冲空间，使人心理有一个逐渐变化的过程。如上海图书馆门前采用柱廊的形式，使出入馆的人有一个过渡区，建筑更具有近人感及亲近感。

（五）细部尺度

细部尺度是指高层建筑更细的尺度，主要是指材料的质感。在生活中，有的事物人们喜欢触摸，有的事物人们不喜欢触摸，人们用"美妙"和"可怕"来形容对这些事物的感受，这也形成人的视觉质感。建筑设计师在设计过程中要充分运用不同材料的质感，塑造建筑物，吸引人们去触摸来取得眼睛的亲近感，换言之，通过质感产生一种视觉上优美的感觉。勒·柯布西埃建造的修道院是运用或者更确切地说是留下大自然"印下"的质感的优秀典范，这里的质感，也就是用斜撑制作在混凝土上留下的木纹。

二、高层建筑外部尺度设计的原则

（一）建筑与城市轮廓在尺度上的统一

应当注意高层建筑布置对城市轮廓线的影响。在城市轮廓线的组成中，起最大作用的是建筑物，特别是高层建筑，因而它的布置应遵循有机统一的原则。高层建筑聚集在一起布置，形成城市的"冠"，但为避免相互干扰，可以采用一系列不同的高度，或采用相仿高度，但彼此间距适当，组成和谐构图。也可以单栋高层建筑布置在道路转弯处，丰富行人的视觉观赏。若高层建筑彼此间毫无关系，随处随地而立，缺少凝聚感，则无法构成令人满意的和谐整体的感觉。高层建筑的顶部应杜绝雷同，雷同会极大影响轮廓线的优美感。

（二）高层建筑在尺度上要有序

设计高层建筑应遵循建筑的城市尺度、整体尺度、街道尺度、近人尺度、细部尺度这五尺度的序列，具体到某一尺度设计中，要遵守尺度的统一性，不能把几种尺度混淆使用，如此才能保证高层建筑物与城市之间、整体与局部之间、局部与局部之间及局部与人之间良好的有机统一。

（三）高层建筑形象在尺度上要有可识别性

高层建筑物上要有一些局部形象尺度，使人能把握其整体大小，除此之外，也可用一些屋檐、台阶、柱子、楼梯等来表示建筑物的体量。任意放大或缩小这些习惯的认知尺度部件就会造成错觉，产生不好的效果，但有时也利用这种错觉来取得特殊的效果。

高层建筑的外部尺度影响因素很多，设计师在设计高层建筑时应充分把握各种尺度，结合人的尺度、满足人使用、观赏的要求，来创造出优美的高层建筑外部造型。

第二节 生态建筑设计

生态建筑的设计与施工必须建立在保护环境、节约能源、与自然协调发展的前提下。设计师应在确定建筑地点后，针对施工地点的实际状况因地制宜地开展设计工作，在保证建筑工程质量以及使用寿命的前提下，满足建筑绿色化、节能化与可持续发展。本节对生态建筑做了简单概述，重点对生态建筑设计原理及设计方法进行了分析，希望对从事相关工作的人能有所帮助。

生态建筑是一门基于生态学理论的建筑设计，设计的主要目的是促进自然生态和谐，减少能源消耗，创建舒适环境，提高资源利用率，营造出适合人与自然和谐共处的生态环境。现如今，生态建设作为新兴的建筑方式备受人们关注，绿色低碳的建筑理念及较高水平的节能环保作用是其显著特点。生态建筑设计的普遍应用顺应了时代发展的潮流，符合现代化建设的需求，使建筑归于自然，有利于建设和谐的生态环境。

生态建筑作为一种新兴事物，综合生态学与建筑学概念，充分结合现代化与绿色生态建设理念，是典型的可持续发展建筑。在进行生态建筑设计时，需要充分考虑人、自然及建筑之间的和谐，基于建筑的具体特征，综合分析周边环境，利用自然因素，采用生态措施，建设适于人类生存和发展的建筑环境，提高生态资源的利用率，降低能源消耗，改善环境污染问题。生态建筑源于人们日常生活中所聚集的所有意识形态和价值观，突出了生态建设所具有的较强的社会性。

一、生态建筑设计原理

（一）自然生态和谐

人尽皆知，施工会对自然环境造成较大的破坏。在工程竣工及日后的实际使用中还会继续加大对环境的污染，导致生活环境不断恶化。所以，在进行生态建设时，需要高度重视建筑设计，严格监控工程施工，把施工中对环境的破坏降到最低，减少建筑的能源消耗，保护环境。生态建筑善于利用自然因素，通过对阳光的充分利用，可以降低在施工中对照明设备的使用率，灵活地利用建筑中的水池以及喷水系统用来充当制冷设备。在建筑设计的过程中，要注意通风口位置，确保建筑与设备通风及时，保证建筑设计的室内外空气流通顺畅。

（二）降低能源消耗

生态建筑是现代化发展的产物，是人类生活必不可少的，在生态建筑设计中最关键的部分就是节能。生态建筑设计是在确保各项设施功能正常运行的情况下，最大限度地减少施工过程中的资源浪费，提高资源的利用率。在生态建筑设计的过程中，要尽可能地减少无用设计，避免因过度包装而产生的浪费现象。要有效利用自然能源，通过对生物能及太阳能等能源的利用，降低能源消耗，避免因能源大规模消耗而产生的环境污染现象。

（三）环境高度舒适

用户的实际居住效果是评判生态建筑是否符合要求的关键。在设计生态建筑时，必须充分满足使用者对建筑舒适度的要求，使设计出来的建筑不再是没有生命的物体，所以，在实际的生态建筑设计过程中，必须以使用者的舒适与健康为主要目标，设计舒适度高且符合使用者健康标准的建筑。要想创造舒适度高的环境，就要保证建筑物各区间功能的完整性，让使用者的生活更加方便。除此之外，必须确保建筑物内的光线充足，保证建筑的内部温度以及空气的湿度适宜居住。

二、生态建筑设计方法

（一）材料合理利用的设计方法

生态建筑具有完美的绿色建筑系统机制，通过对旧建筑材料的回收再利用，最大限度地降低材料浪费，减小污染物的排放量，符合绿色生态理念。在建筑拆迁中，所产生的木板、钢铁、绝缘材料等废旧建筑材料经过处理可供新建筑工程再次利用，在符合设计理念及要求的前提下，科学合理地使用再生建筑材料，有效减少对环境的伤害。可再生材料的应用，可以在一定程度上减轻投资负担，节约建筑成本，避免因过度开采所产生的生态问题，把建筑施工对环境的破坏降到最低，营造绿色的生态环境。

（二）高效零污染的设计方法

高效零污染的设计方法，主要是指生态建筑在节能方面的作用，在充分确保建筑基础功能的情况下，最大限度地减少材料的使用，提高资源利用率。这种设计方法通过对自然资源的有效使用，降低矿物资源的使用量。近年来，随着人们观念的不断转变，新能源的广泛使用，太阳能被广泛应用于建筑之中，人们利用太阳能实现降温、加热等目的，还可以利用物理知识，通过热传递，保持建筑内的空气流通，加大室内温度调控的力度，在为使用者提供舒适环境的同时实现节能环保的效果。

（三）室内设计生态化的设计方法

在生态建筑理念的影响下，室内设计必须根据资源及能源的消耗，设计出既节能环保又比较实用的生态建筑，防止资源的过度消耗。与此同时，还应该控制装饰材料的使用量，制定合理的装饰成本预算。与此同时，在室内设计过程中还应该添加绿色设计，通过植物的光合作用，降低空气中的二氧化碳含量，改善空气质量，打造宜居的环境。绿色设计具有装饰效果，可以应用到阳台及庭院的设计中。

（四）结合地区特征科学布局的设计方法

在生态建筑设计过程中，需要充分考虑当地的地区特点及人文特征。建筑设计应以周边环境为基础开展生态建设工作，使自然资源得到充分有效的运用。在设计生态建筑时，需要确保在不破坏周边环境的情况下，设计出具有地域特色的生态建筑。结合自然与人工因素，改善人们的生活环境，控制避免自然环境被破坏的现象，营造人与自然和谐共处的生态环境。

（五）灵活多变的设计方法

灵活多变的设计是生态建筑设计的重要方法，可以通过选择更适合的建筑材料得以实现。在设计生态建筑过程中，如何挑选建筑材料是建筑合理性的重要前提。设计师在进行生态建筑设计时，需要熟知所有建筑材料的使用情况，需要了解四周环境，并以此为依据选择最合适的建筑材料，保证建筑的节能环保效果。加大对废旧建筑材料的循环利用，解决能耗问题。为实现生态建设的可持续发展，国家在选择和利用建筑材料方面制定了越来越高的标准。建筑材料的选择与生态建筑设计的各个方面都息息相关，如为减少太阳辐射，可以加入窗帘等构件，把建筑内部温度控制在合理范围，维持空气湿度的平衡，确保所设计的建筑适宜居住，降低风扇的使用率，达到节能的效果。

总之，通过对生态建筑设计原理与设计方法的了解，明确了只有以自然生态和谐、降低能源消耗、环境高度舒适为依据，通过合理利用材料、高效零污染、生态化室内设计、使用清洁能源、灵活多变的设计方法等多方面因素的综合考量，才能创造出科学的生态建筑设计。生态建筑设计作为一种新兴事物，顺应了新时代发展的潮流，满足了生态文明建设的要求，对人与自然和谐共处具有促进作用。生态建筑所具有的绿色特性，使更多人开始关注绿色技术，生态建设设计要求以人为本，打造符合各类人群需求的居住环境。只有从国情出发，遵循可持续性发展原则，加强人们的生态环保意识，才能设计出具有生态效益的建筑。

第三节　建筑结构力学

随着建筑业的发展，人们的生活水平也不断提高，从古时的木屋到如今矗立的高楼，人们在不断地享受着建筑业带来的丰硕成果。建筑业的发展不管方向如何都离不开一个宗旨，那就是安全为第一发展。建筑的结构形式必须满足对应的力学原理，才能保证建筑物的稳固与安全。

建筑业的发展带动了各大产业的发展，形成了一个经济圈。可以说建筑业是拉动我国的经济发展的支柱产业之一。随着时代的发展，人们对建筑更增加了关于审美观念、环保理念方面的要求，但不管是美轮美奂的园林式建筑还是朴实无华的民用建筑，都离不开力学原理的支撑，安全是建筑业自始至终必须坚持的第一要务，这是对建筑工程师和结构工程师的基础性技术要求。

一、建筑结构形式的发展过程

我国的建筑结构形式可追溯到旧石器时代，也就是构木为巢的草创时期。随着时间的推移，人类文明在进步，建筑业在不断发展和创新，由木结构发展到以砖石结构为主的新阶段，万里长城就是该阶段最主要的代表，以砖、石为主要材料，经千年而不毁，其坚固程度可想而知，并且还被列入世界文化遗产。西方文化传入后，经我国传统文化广泛借鉴和吸收，建筑业迎来了跨越和发展，梁、板结构迎来了发展与成熟期，尤其到了明清时期，各类建筑物如雨后春笋般破土而出，各式的园林、佛塔、坛庙、宫殿以及帝陵纷纷采用了梁、板的结构形式。建筑业一直随着人类文明的发展在不断地进行着改变，反过来又推动了人类经济的发展。

二、建筑结构形式的分类

根据使用材料的不同可将建筑结构分为四类。一是以木材为主的木结构，即在建筑过程中使用的基本都是木制材料。由于木材本身较轻容易运输、拆装，还能反复使用，所以使用范围广，如在房屋、桥梁、塔架等都有使用，近年来由于胶合木的出现，再次扩大了木结构的使用范围，在我国许多地产建筑和园林建筑中，有不少都以木结构为主。二是砌体结构，在进行建筑工程材料配置过程中，承重部分以砖石为主，楼板、楼顶以钢筋混凝土为主，这种结构大多用于居住建筑和多层民用房屋中。三是混凝土结构，包括素混凝土结构，钢筋混凝土结构等，随着时代的发展、理论的研究以及施工技术的改进，这一形式逐步完善。四是钢结构，这种结构形式的承重能力是四种形式当中最强的，适用于超高层的建筑工程。

三、建筑结构形式中所运用的力学原理

从建筑业的发展史来看，不管建筑业的结构形式和设计重心如何变化，不论是以美观为建筑方向，还是以安全为方向，都有一个共同的特点是不变的，那就是保证建筑工程的安全性，以给人们提供舒适的生活环境的同时还要保证人们的生命财产安全为目的。在进行建筑设计时，安全性与力学原理是密不可分的，结构中的支撑体承受着荷载，而外荷载

会产生支座反力，对建筑结构中的每一个墙面都产生一定的剪力、压轴力、弯矩、扭曲力。在实际的施工过程中危险性最强的是弯矩，当弯矩作用在墙体上时，所施力量分布并不均匀，会使一部分建筑材料降低功能性，从而影响到整个建筑的安全性，严重时会导致建筑物的坍塌。因此，在建筑工程进行规划设计和施工过程当中，都要将力学原理运用到位，精细、准确地计算出每面墙体所能承受的作用力，在进行材料选择时，一定要以力学规定为依据，保证所用材料达到相关质量标准，保证建筑工程的安全性。

四、从建筑实例分析力学原理的使用

（一）使用砌体结构的实例

砌体结构是最古老也是最常见的一种建筑结构，使用和发展在人类的文明史中起到了不可替代的作用。其中最为著名、最令人惊叹的就是古埃及法老为了彰显其地位所建造的胡夫金字塔。金字塔高约 146.5m，底座长约 232m，塔身由用 230 万块石头堆砌而成。后来经过专业人士证实，金字塔在建造的过程中没有使用任何黏合剂，由石头一一堆叠而成，在建筑结构中是最典型的砌体结构形式，所使用的力学原理就是压应力，经历多年的风雨依然屹立不倒。这种只使用于压应力原理的建筑结构形式非常简单，是建筑结构发展的基础，但是因为不能充分地利用建筑空间，不能满足社会发展的需求，所以人们在建筑过程中逐渐引入了更多新的力学原理。

（二）木结构的使用案例

木结构使用的主要材料就是木材，随着时代的不断发展，在很多建筑工程中需要使用弯矩，由于石材本身所能承受的拉力强度过低，无法完成任务。木材由于韧性较强，可以承受一定程度的拉力和压力而被广泛使用。我国的大部分宫殿、园林建筑采用的都是木结构，如建于明永乐四年至十八年的故宫，是我国现存规模最大最完整的古建筑群，建筑主要采用木结构。雕梁画栋的古建筑，将我国传统的建筑结构优势发挥得淋漓尽致。采用的力学原理是简支梁的受弯方式，在我国的建筑业中发挥了极为重要的作用。但是由于木材本身不耐高温，极易引发火灾，又容易被风化侵蚀，极大地缩短了建筑物的使用寿命，也降低了安全性。

（三）桁架结构和网架结构的使用案例

该结构是随着钢筋混凝土的出现而得到发展的。从力学原理来分析，桁架和网架结构可以减少建筑结构部分材料的弯矩，对于整体弯矩还是没有作用力，在建筑业被称为改良版的木结构，所承受的弯矩和剪力并没有因为结构形式的变化而产生变化，相反整体的弯矩更是随着建筑物跨度的加大而快速加大，截面受力依旧不均匀，内部构件只承受轴力，而单独构件承载的是均匀的拉压应力。此改变让桁架和网架结构比梁板柱结构更能适应跨度的需求。如国家体育场（鸟巢）就是运用了桁架和网架的力学原理而建造成功的。

（四）拱结构和索膜结构的使用案例

随着社会生产力不断发展，人们对建筑性质、建筑质量有了更高的要求，随之而来的是建筑难度的不断增加，需要运用更多的力学原理才能满足现代社会对建筑的需求。拱结构满足了社会发展对建筑业大跨度空间结构的需求。拱结构运用的是支座水平反力的力学原理，通过对截面产生负弯矩抵消荷载产生的正弯矩，能够覆盖更大面积的空间，如1983 年日本建成的提篮式拱桥就是运用了拱结构的力学原理，造型非常美丽。但由于荷载具有变异性，制约了更大的跨度，运用索膜结构的力学原理更为合理，将弯矩自动转化成轴向接力，成为大跨度建筑的首选结构形式。如美国的金门悬索桥、日本的平户悬索桥，就都运用了索膜结构的力学原理。

建筑结构形式的发展告诉人们，不管什么样的建筑结构都需要力学原理的支撑，最终目标都是保证建筑的安全性。在新时代背景下发展的建筑结构同样离不开力学原理的支撑，力学原理是一切建筑结构的理论与基础，只有科学合理地使用力学原理，才能保证建筑工程的安全性。

第四节　建筑物理设计

本节较为详细地阐述了光学、声学、热学等物理原理知识在建筑中的实际应用。通过分析一些物理现象，来由浅入深地探讨物理知识在建筑物理设计中的作用与意义。例如利用光在建筑材料上的反射性，使室内外的光学环境达到满足人类舒适度的要求；建筑上的声学则通过对房间形状的合理设计以及材料的合理选择用来保证绝佳的隔音效果，使建筑的性能达到最佳；就建筑物内的温度来说，墙面、地面或者桌椅板凳等人类经常接触到的地方，应该挑选符合皮肤或者随着四季温度变化的建筑材料，才不致于在外界环境变冷变热时让人感到不适；我们还利用静电场的物理原理来防止建筑物遭受雷击（运用避雷针）。

物理学是一门基础的自然学科，是研究自然界的物质结构、物体间的相互作用和运动一般规律的自然科学。在日常生活中，物理学原理也是随处可见，如果无法正确地理解这些物理学知识，在建筑中就无法巧妙地运用这些物理学知识。其实，在建筑设计中，许多看似复杂的问题都能够运用物理原理来解决。本节主要针对物理原理在建筑设计中的应用展开分析，希望能为建筑设计工作提供一定的参考。

建筑物理，顾名思义是建筑学的组成部分。其任务在于提高建筑的质量，为我们创造适宜的生活和工作学习的环境。该学科形成于20 世纪30 年代，其分支学科包括：建筑声学，主要研究建筑声学的基本知识、噪声、吸声材料与建筑隔声、室内音质设计等内容；建筑光学，主要研究建筑光学的基本知识、天然采光、建筑照面等内容；建筑热工学，研究气候与热环境、日照、建筑防热、建筑保温等内容。

一、物理光学在建筑中的应用

调查显示，随着社会对创新型人才的，我国也紧随世界潮流，将培养学生创新精神和科研能力作为教育改革的重点。创新精神有利于将物理学原理更好地运用于建筑学中。这凸显了当代教育培养创新型人才的必要性。在生活中，利用太阳能采暖就属于物理学原理，这在建筑中属于比较成功的运用。这种设计有效地促进了资源节约型社会的建设，符合社会发展的理念。太阳能是一种可持续利用的清洁能源，因其使用成本很低、安全性能高、环保清洁等优点被广泛采用。这是物理原理应用在建筑中经典的案例，是值得借鉴的经验。

二、物理声学在建筑中的应用

现代生活中，人们每时每刻都要面对各种建筑，例如商场、办公楼、茶餐厅等，这些建筑的构思与设计很多都运用了物理学原理。越高规格的建筑对相关物理原理的运用的要求就越苛刻、越精细。比如各个国家著名的体育馆或者歌剧院等，这些地方对建筑声学的要求极为严格，因为这会直接影响观众的视觉体验与听觉感受。这些建筑内所采用的建筑装饰材料都对整体的声学效果有很大影响。比如最常见的隔音装置，如果一栋建筑内的隔音效果特别差，是一定不会得到别人的青睐的。再比如生活中高楼上随处可见的避雷针，是用来保护建筑物避免雷击的装置。人们在被保护物顶端安装一根接闪器，用符合规格的导线与埋在地下的泄流地网连接起来。当出现雷电天气时，避雷针就会利用自己的特性把来自云层的电流引入大地，从而使被保护物体免遭雷击。不得不说，避雷针的发明帮助人类减少了许多灾害。假使没有物理学原理作铺垫，建筑物即使设计工作做得再好也只是徒劳，只有两者结合起来才会相得益彰，共同为人类进步做贡献。这是物理原理在建筑中应用的成功案例，也是今后人类奋斗的动力和榜样。

三、物理热学在建筑中的应用

实践证明，自然光和人工光在建筑中如果得到合理利用，可以满足人们工作、生活、审美和保护视力等要求。此外，热工学在建筑方面的应用主要考虑的是建筑物在气候变化和内部环境因素影响下的温度变化。建筑热学的合理利用能够通过建筑规划和设计上的相应措施，有效地防护或利用室内外环境的热湿作用，合理解决建筑和城市设计中的防热、防潮、保温、节能、生态等问题，创造可持续发展的人居环境。像一个诺贝尔奖的得主所说的："与其说是因为我发表的工作里包含了对一个自然现象的发现，倒不如说是因为那里包含了一个关于自然现象的科学思想方法基础。"物理学被人们公认为是一门重要的学科在前人及当代学者的不断研究中快速发展、壮大，形成了一套有思想的体系。正因为如此，物理学当之无愧地成了人类智能的象征，创新的基础。许多事实也表明，物理思想与原理不仅对物理学自身意义重大，对整个自然科学，乃至社会科学的发展都有着不可估量的贡献。建筑学就是个很好的例证。有学者统计过，自20世纪中叶以来，在诺贝尔奖获得者中，有一半以上的学者有物理学基础或者学习物理背景，间接说明了物理学不管是在生活中还是研究中都有很大的帮助。这可能就是物理学原理潜在的力量。建筑学如果离开了物理学，那么世界上将不会有那么多的优秀作品出现。我国著名的建筑学家梁思成建造出那么多不朽的建筑，和他自身的物理学知识密不可分。

综上所述，建筑中的物理学原理主要体现在声学、光学以及热工学等方面。合理的热工学设计能使建筑内部更具有舒适感，使建筑本身的价值达到最大化。至于在光学方面，足够的自然光照射是必需的条件，也就是常说的采光问题，建筑内各种灯光的合理设置也是同样重要的。两者互补才能在各种情况下都能保证建筑内光源充足。声学方面也十分重要，许多公共场所对光学和声学的要求很高，所以建筑物理学的应用是很普遍的，生活中随处可见。建筑物理学也特别重视从建筑观点研究物理特性和建筑艺术感的统一，物理原理在建筑中的应用是人类发展史上具有重要意义的发现，以后的发展也一定会更好。

第五节　建筑中的地下室防水设计

本节分析了民用建筑中地下室漏水的主要原因，介绍了民用建筑中地下室防水设计的原理，对民用建筑中地下室防水设计的方法进行了深入探讨。

随着地下空间的开发，地下建筑的规模不断扩大，功能逐渐增多，同时对地下室的防水要求也逐渐提高。在地下工程实践中，经常会遇到各种与防水有关的情况和问题。

一、民用建筑中地下室漏水的原因

（一）水的渗透作用

一方面，由于民用建筑中的地下室多在地面之下，使得土壤中的水分以及地下水在压力和重力的作用下，逐渐在地下室的建筑外表面聚集，并逐渐开始浸润在地下室的建筑表面。当这些水的压力使其穿透地下室建筑结构中的裂缝时，水就开始向地下室内渗透，导致地下室出现漏水的现象。另一方面，由于下雨或者地势低洼等因素所造成的地表水在民用建筑地下室的外墙聚集，问题随着时间的推移，在压力和分子的扩散运动和共同作用下，其对地下室的外墙形成渗漏，久而久之造成地下室漏水。

（二）地下室构筑材料产生裂缝

地下室外四周的围护建筑，绝大多数是钢筋混凝土结构。钢筋混凝土的承压原理来自其自身的细小裂缝，通过这些微小的形变来抵消作用在钢筋混凝土表面的作用力。这种微小的裂缝虽然不明显，但是对于深埋地下的地下室围护建筑而言，是无法防止水渗透的。

此外，由于热胀冷缩的影响，地下室围护建筑中的钢筋混凝土在收缩时不可避免地会产生收缩裂缝。这些裂缝就会使水进入地下室的通道，造成地下室渗水。

（三）地下室的结构受到外力作用，发生形变

在地质构造运动等外力影响和作用下，地下室的结构会发生形变，遭到破坏，失去防水作用，从而出现漏水现象。

二、民用建筑中地下室防水设计的原理

通过对造成民用建筑中地下室出现渗水、漏水的因素进行分析以后，可知水的渗透和地下室结构由于各种复杂因素产生的裂缝是漏水的主要原因，因此在对地下室进行防水设计时，要减小或消除这些因素的影响。由于地下室受所处的空间位置的影响，地下室围护建筑的表面水分聚集是很难改变的，因此我们需要将对民用建筑地下室防水的重点放在对其附近的水分疏导排解以及减少结构形变和避免产生裂缝这些问题上。因此，在民用建筑中地下室防水设计的重点就是对地下室建筑表面的水分进行围堵和疏导。所谓地下室防水设计中的"围堵"，首先是在地下室建造的过程中，要对所设计的建筑进行不同层级的分类，根据《地下工程防水技术规范》对民用建筑中地下室的防水要求，明确地下室的防水等级，确定防水构造。防水设计的原理主要是对地下室主体结构的顶板、地板以及围护外墙采取全包的外防水手段。地下室防水设计中的"疏导"，主要原理就是通过构筑有效的排水设施，将聚集在地下室建筑外围表面的水进行有效疏导，给出一个渗透出路，降低渗透压力，进而减轻其对地下室主体建筑的渗透和破坏，并通过设备将这些水分抽离地下，使其远离地下室的围护建筑。

三、民用建筑中地下室防水设计的方法

（一）合理选用防水材料

就民用建筑而言，最常用的防水材料主要有防水卷材、防水涂料、刚性防水材料和密封胶粘材料四种类型。防水卷材又包括改性沥青防水卷材和合成高分子防水卷材两种。一般来说，防水卷材借助胶结材料直接在基层上进行粘贴，延伸性极好，能够有效预防温度、震动和不均匀沉降等造成的变形现象，整体性极好。同时，工厂化生产可以保证其厚度均匀，质量稳定。防水涂料则主要分为有机防水涂料和无机防水涂料两种，防水涂料具备较强的可塑性和黏结力，在基层上直接涂刷，能够形成一层满铺的不透水薄膜，具备极强的防渗透能力和抗腐蚀能力，在整体性、连续性方面都比较好。刚性防水层是指以水泥、沙石为原材料，掺入少量外加剂，抑制或调整孔隙度，改变空隙程度，形成具有一定抗渗性的混凝土类防水材料。

（二）对民用建筑地下室进行分区防水

在民用地下室防水设计的实际工作中，可以采取分区防水的方法。这种方式主要是根据地下室的形状和结构将地下室进行分区隔离，形成独立的防水单元，减少水在渗透某一区域后对其他区域的扩散和破坏。对于一些超大规模的民用建筑的地下室，可以采取分区隔离的防水策略，以减少地下室漏水造成的破坏。

（三）使用补偿收缩混凝土以减少裂缝的产生

在民用建筑的地下室防水设计中，可以采取补偿收缩混凝土的方式来减少混凝土因热胀冷缩所产生的裂缝，从而进行有效防水。补偿收缩混凝土会用到膨胀水泥来进行配制，常用的有低热微膨胀水泥、明矾石膨胀水泥以及石膏矾土膨胀水泥等。在民用建筑地下室的实际设计中可以采用低碱 UEA-H 混凝土高效膨胀剂，可以有效提高民用建筑地下室的抗压强度，而且对钢筋没有腐蚀，可以有效减少混凝土产生的裂缝，实现地下室的有效防水。

（四）加强地下室周围的排水工作

在民用建筑地下室的防水设计中，要结合实际构造和周围环境，加强地下室周围排水工作，将地下室周围的渗水导入预先设置的管沟，之后通过地面的排水沟排出，减少渗水对地下室结构的压力和破坏，从而实现地下室的有效防水。

（五）细部防水处理

在民用建筑地下室的防水设计中，周遭的防护都是采用混凝土进行施工的。因此在施工过程中，要做好细部防水工作。比如在穿墙管道时，对于单管穿墙要加焊止水环，如果是群管穿墙，则必须在墙体内预埋钢板；比如在混凝土中预埋铁件要在端部加焊止水钢板；比如按规定留足钢筋保护层时，不得有负误差，以防止水沿接触物渗入防水混凝土中。

综上所述，在民用建筑的实际施工过程中，随着地下室规模不断扩大，所占的建筑面积和所需要的空间也不断加大，无形之中增加了地下室建筑施工的难度，也增加了地下室漏水风险。防水工程是个系统工程，从场地选址、建筑设计开始就应有相关防水概念贯穿其中，避开不利区域，为建筑防水控制好全局；设计师应在具体设计时合理选用防水措施，控制好细节构造，将可能的渗漏隐患降到最低；施工阶段则要严格按照施工工序，保质保量完成施工任务。只有多方面管控协助，才能做出完美的防水工程。

第六节　建筑设计中的自然通风

在设计住宅建筑的过程中，设计师既要考虑住宅建筑的设计质量和设计效果，也应充分考虑住宅建筑的设计是否具有舒适性。设计师要以居民需求为主，设计出合理的住宅建筑，为人们提供更为优质的居住环境。自然通风对人们的生活来说颇为重要，保证住宅内的自然通风，可以有效地改善室内的空气质量，让人们的居住环境更加安全，而且，实现住宅内自然通风也可以节省能源，对环境起到一定保护作用。本节将对住宅建筑设计中自然通风的应用进行深入的研究。

人们生活水平的不断提高，使人们对建筑物室内的舒适度的要求也越来越高。建筑物自然通风效果的好坏会直接影响到人的舒适度。因此，对建筑物自然通风的设计尤为重要。深入对建筑物自然通风设计的思考，剖析建筑物自然通风的原理，能使传统风能相关原理及技术与建筑物的设计相结合，更好地实现建筑物的自然通风。

一、自然通风的功能

（一）热舒适通风

热舒适通风主要是通过空气流通加强人体表面的蒸发作用，加快体表的热散失，从而对人起到降温减湿作用。这种功能与我们吹电风扇的效果类似，但是由于电风扇的风力过大，且风向集中，对于人体来说非常不健康。通过自然通风的方式可以较为舒缓地加快人体的体表蒸发，尤其是在潮湿的夏季，热舒适通风不仅可以降低人体的温度，还可以缓解体表潮湿的不舒适感。

（二）健康通风

健康通风主要是为了给在室内生活的人提供新鲜空气。由于建筑物内属于相对封闭的环境，再加上人呼出的二氧化碳，导致室内空气质量较差。或者，一些新建的建筑物所使用的建筑材料含有较多的有害物质，如果长时间空气不流通，就会对其内的人们的健康造成威胁。自然通风可以有效地将室内的污染空气置换到室外，从而保证室内空气的高质量。

（三）降温通风

所谓降温通风，就是通过空气流通使建筑物内的高温度空气与室外的低温度空气热量进行交换。一般来说，在对建筑采用降温通风的措施时，要结合当地的气候条件以及建筑的结构特点综合考虑。对于商业类的建筑，过渡季节要充分进行降温通风；对于住宅类的建筑，在白天应该尽量避免外界的高温空气进入，而到了晚上可以通过降温通风来降低室内温度，从而减少空调等其他降温设备的能耗。

降温通风的特点主要体现在以下几个方面：室外的风力的进入，使室内空气流动，这样就可以有效减少室内污染空气，降低室内的温度，达到自然通风的效果；要想有效实现自然通风，还应考虑热压和风压对自然通风造成的影响，有时可以借助外力增加自然通风的效果。

二、建筑设计中对自然通风的应用

（一）由热压造成的自然通风

热压是促进自然通风的因素，通常而言，当室内与室外的气压形成差异的时候，气流就会随着这种差异流动，从而实现自然通风，使居住者感到舒爽适宜。自然通风是相对于电器通风更加健康、经济、舒适的通风方式。有时候，通风口的设置对于促进通风具有重要的作用，有助于加强自然通风的效果。影响热压通风的因素有很多种，窗孔位置、两窗孔的高差和室内空气密度差都是重要因素。在建筑设计过程中，使用的通风方法有很多，例如建筑物内部贯穿多层的竖向井洞就是一种重要的方法，通过合理有效的通风方法实现空气的自然流通，将热空气通过流通排出室外，促进空气的交换，实现自然通风。和风压式自然通风对比而言，热压式自然通风对于外部环境的适应性也是很高的。

（二）由风压造成的自然通风

这里所说的风压，是指空气流在受到外物阻挡的情况下所产生的静压。当风面对着建筑物正面吹袭时，建筑物的表面会产生阻挡，这股风处在迎风面上，静压自然增高，有了正压区的产生，这时气流再向上偏转，会绕过建筑物的侧面以及正面，在侧面和正面上产生一股局部涡流，这时静压降低，负压差形成。风压就是对建筑背风面以及迎风面压力差的利用，压力差产生作用，这时室内外空气在它的作用下，由压力高的一侧向压力低的一侧流动。压力差与建筑与风的夹角、建筑形式、四周建筑布局等因素关系密切。

（三）风压与热压共同作用，实现自然通风

还有一种通过风压和热压共同作用来实现的自然通风，建筑物受到风压和热压同时作用时，会在压力作用下受到风力的各种作用，风压通风与热压通风相互交织，相互促进，相互作用，实现通风。一般来说，在建筑物比较隐蔽的地方，通风也是非常必要的，这种通风就是在风压和热压的相互作用下进行的。

（四）机械辅助式自然通风

现代化建筑的楼层越来越高，面积越来越大，因此实现通风的必要性更大了，此时必然面对的一个问题就是通风路径更长，空气会受到建筑物的阻碍，不得不面对的现实就是简单依靠自然风压及热压通风已无法实现良好的通风效果。自然通风需要注意的是，由于社会发展造成的自然环境恶化，对于城市环境比较恶劣的地区来说，自然通风会把恶劣的空气带入室内，造成室内的空气污染，危害到居住者的身体健康，这时就需要辅助式自然通风，如此才能利于室内空气净化，既实现了室内通风，也将影响身体健康的恶劣空气"拒之门外"。

总之，自然通风在建筑中不仅仅改善了室内的空气问题，同时还调节了室外的环境问

题。自然通风受到了很多人的关注，相信随着技术的发展，自然通风技术一定会在建筑设计中取得更加理想的成绩。

第七节　建筑的人防工程结构设计

对于建筑工程而言，人防建设十分重要，对于高层建筑而言更是重中之重。它不仅可以在人们正常生活中发挥重要作用，而且还可以保证战时人们的生命与财产安全。在我国，高层建筑建设中对于人防工程的结构设计有着相当严格的要求。人防工程的建设质量直接决定其使用寿命。本节通过对高层建筑的人防工程结构设计原理的分析，探讨了高层建筑的人防工程结构设计方法。

人防工程建设的主要目的是保障战时人们的生命与财产安全，避免在遭遇敌人突然袭击后出现重大的财产损失而失去保障的能力。高层建筑的人防工程结构设计主要是针对防空地下室等建筑而言的，用于保证战时人们能够安全地转移。所以，人防工程的结构设计极为重要。

一、人防工程的结构设计原理

人防工程的全称是人民防空工程，我国的人防工程结构设计主要将人防工程与建筑本身相结合，对于高层建筑而言，主要呈现方式为地下室设计，而地下室设计是高层建筑在进行建筑设计时本身就需要考虑的事情，不仅仅是防空工程的需要，在平常也需要为人们的正常生活提供必要的帮助。作为人防工程，必须对其稳定性进行分析。在我国，很多的高层建筑的地下室，在平常都作为储藏室或者地下车库来使用，战时，这些地方就会变成坚固的防空工程，用来保障人们的生命和财产安全。所以，高层建筑的地下室在建筑设计时不仅要考虑使用性能，还要对坚固性能进行分析。首先人防工程承受的负载范围除了高层建筑的压力之外，还需要考虑战时可能发生的各种爆炸产生的压力，比如说核弹爆炸时所产生的冲击负载，人防工程需要直接承受这种冲击，所以，对其承受力一定要进行精确的计算。

这种承载力的设计在平时无法进行结构方面的实际试验，所以在一般的高层建筑的人防工程设计当中多以等效静荷载的方式进行验算，比如对于核弹爆炸时的结构承受力的计算，这种爆炸力所造成的承受力大，但是作用时间比较短，所以对于地基的承载力以及并行与裂缝等情况可以不做验算。虽然战时对荷载的要求往往比较高，但是在进行结构设计时也不需要与战时可能承受的所有荷载进行硬性对比，而是与平常情况进行对比。而不同楼层的高层建筑，其人防工程的结构设计有着不同的设计原理，对于楼层较高的建筑而言，楼层本身的负载力也要计算在内，而对于平时与战时的受力情况进行双重的分析，则要取最大值作为受力依据。

二、人防工程的结构设计方法

首先，对于高层建筑的人防工程的设计而言，上部楼层的设计要与下部的人防工程相一致。对于人防工程而言，考虑到使用性能，不能在地面进行设计，所以该工程的结构设计只要符合承载力与建筑构件的质量要求，就可以满足设计需求。

（一）材料强度的设计

人防工程与其他工程有本质上的区别，普通工程所需要承受的荷载主要是在平时使用过程当中所承受的静荷载，或者说是建筑本身所拥有的静荷载保护，而对于人防工程而言，建筑的主要目的是保障战时人们的生命安全，所承受的荷载主要是由于爆炸后所产生的动荷载，二者截然不同，静荷载指的是工程质量本身所具有的压力，动荷载则是指受到外界因素冲击时所承受的负荷力。所以对于人防工程的结构设计而言，结构设计以及材料选用方面，应当在考虑瞬时动荷载力的情况下进行结构的最大化设计，将所承受的最大负荷系数作为主要防御系数，钢材、混凝土都需要按照不同的负荷强度进行等级限定。普通情况下，建筑设计所选用的材料应该在其所承受的综合受力系数基础上选择大于1的材料强度，对于脆性易受破坏部位而言，承受的负载力应该小于1，这在建筑结构设计时应当区别开来。

（二）参数的选取

目前，在我国的高层建筑人防工程的设计当中，计算机技术的应用较为普遍，如PKPM软件。应用计算机技术后只需要在计算机中输入建筑构造中梁、板的设计需求的数据，运用BIM技术进行建筑模型的构造，再输入计算出来的建筑结构最大承载力的相应数据，就可以直接检验结构设计是否符合要求，并可以通过数据改善梁、板的配筋图。对于人防工程而言，电算数据的真实性与科学性非常重要。在进行电算数据计算时，主要是将主楼与裙楼进行分别计算，楼板所选用的一般为非抗震构件，所有数据不会受其他因素影响。而对于梁而言，属于抗震构件，数据会由于抗震承载力而产生误差，所以对两种构件应该分别进行计算，首先对于梁、柱子、墙等建筑物的抗震承载力进行分析，将电算数据与板的电算数据分别用不同的方法进行计算，在实际的计算中，对于人防工程的承载力电算数据应该减去抗震承载力，然后再进行设计。因为抗震负荷力的承受与战时所产生的爆炸动荷载是完全不一样的，所以应当分别处理。

在高层建筑的构建过程当中，应当将地下人防工程的结构设计放在首位，对于楼层设计而言，主要采取静荷载的计算方式，而对于地下防空工程结构设计而言，则主要采取动荷载的计算方式。高层建筑的人防工程对人们的正常生活有着非常大的意义，不仅在人们平常的正常生活中起作用，战时还可以作为人们生命财产安全的一种保障存在。所以对于人防工程的结构设计一定要确保数据精确、设计科学以及质量稳定这些因素。

第八节 高层建筑钢结构的节点设计

随着城市化进程的不断加快，高层建筑兴起，高层建筑的质量受到越来越多的关注。在高层建筑中，钢结构的应用越来越广泛，因此，钢结构的节点设计就变得尤为重要。本节主要分析了高层建筑钢结构的节点设计原理，对高层建筑钢结构的节点设计应用进行了探讨。

在现代建筑工程中，钢结构在高层建筑中的应用越来越广泛，钢结构包括两个构成部分，构件和节点。这两个部分相互联系、密不可分，在钢结构的实际应用中，如果只保证了构件的质量而不注重节点设计，钢结构的质量是无法得到保证的。钢结构因稳定性高被广泛应用在高层建筑中，但是在实践中，仍有很多建筑物会因为种种原因发生损坏，其中一个很重要的原因就是钢结构的节点设计没有按照相关规定进行。因此，钢结构不仅要求构件要符合质量，还需要进行合理的节点设计，从而更好地保证钢结构的稳定性，确保建筑物的质量。

一、高层建筑钢结构的节点设计原理

（一）高层建筑钢结构的节点连接方式

一般说来，高层建筑钢结构的节点连接方式有三种，焊接连接、高强度螺栓连接、栓焊混合连接。焊接连接的优点是传力和延展性好，操作简便，缺点是残余应力强，抗震力弱。高强度螺栓连接一般应用在需采用摩擦型的高层建筑钢结构中，该方式施工简便，但是成本较高，且震动强烈时易出现滑移的现象。栓焊混合连接，在高层建筑物翼缘和腹板部分使用最为广泛，该方式施工简便，成本较低，具有一定优越性。但是，在使用栓焊混合连接时要注意温度高低的影响。

（二）高层建筑钢结构节点的设计要求

钢结构包括构件和节点两个部分，在高层建筑中，影响钢结构质量的关键因素是节点，为了满足业主对质量的要求，可以采用焊接连接的方式来保证焊缝质量，因为焊接连接工序简便，便于安装。

（1）刚性连接。建筑力学要求建筑钢结构的节点设计保持连续性，只有符合这个要求，钢结构节点连接处的各个构件形成的角度才会适应最大承载力而且不易发生变化，而且，在此基础上连接而成的钢结构的强度远远超过被连接构件所形成的强度。钢结构的连接方式主要有两种，焊缝连接和螺栓连接，与焊接连接相比，螺栓连接工序简单、成本低廉，能在一定程度上保证钢结构的质量。柱和柱之间的连接也是钢结构节点设计时应该注意的问题，在施工时，柱和柱之间的连接可以按照截面的变化分成等截面拼接和变截面拼接两种，等截面焊接拼接与梁的拼接方法基本一致。

（2）半刚性连接。半刚性连接的设计要求承载力不得低于建筑物的承载力，半刚性连接方式与高层建筑物设计不一致会使建筑结构的弹性强度超过钢结构连接节点的弹性强度，因此，不常使用半刚性连接节点。

（3）铰接。高层建筑中，钢结构主梁和次梁铰接节点设计应用比较广泛，与混凝土结构相比，钢结构主梁和次梁铰接节点更接近实际，节点受力简单，因此主梁和次梁之间采用腹板摩擦性高强螺栓实现铰接，螺栓的抗剪承载力是值得深入思考的因素，门式刚架因内力较小，柱脚可采用铰接。为了方便工程材料的运输，一般会将大跨梁进行分段设计，运输到施工现场后再进行拼接。

二、高层建筑钢结构的节点设计应用

（一）梁与柱连接节点的设计

梁与柱的连接方式主要有三种：铰接，该连接方式柱身会受到梁端的竖向剪力的影响，由于轴线夹角随意，所以在节点设计时不需要考虑转动的影响；刚性连接，该连接方式中柱身要受到梁端传递的弯矩的影响，轴线夹角不能随意改动；半刚性连接，介于铰接和刚性连接之间的一种连接方式，轴线夹角可以在一定的限定范围内改变。钢结构框架中柱的机构是贯通型的，考虑到高层建筑的抗震性设计，需要对框架与支撑的梁柱使用刚性连接，刚性连接主要分为梁柱直连或者是梁与悬臂拼连两种方式。高层建筑中钢结构的节点设计一定要考虑抗震要求，包括使用全熔透的焊缝技术，该技术可以最大限度地增强柱与梁翼缘之间的连接，确保连接处的稳固性。在进行梁与柱连接节点的设计时，还需要使梁的全截面塑性模量高于翼缘的 70%，且腹板与柱的连接要大于两列，最低不能低于 1.5 倍，保证梁与柱连接的稳固性，从而最大限度保证高层建筑物的安全。

（二）主梁和次梁的节点设计

主梁与次梁的节点设计主要针对的是悬臂梁段和梁之间的节点连接，即翼缘采用全熔透焊接连接，腹板之间以及腹板与翼缘之间采用螺栓连接，螺栓连接方式中，使用最广泛的是摩擦型。主梁与次梁的节点设计，要充分考虑剪力的影响，要考虑因为连接而产生的连接弯矩，这是对次梁来说的，对主梁则可忽视。高层建筑的抗震设计也是需要考虑的重点，因此，需要考虑横梁框架带来的侧向屈曲问题，需要针对横梁设置支撑构件，从而有效支撑横梁，最大限度确保钢结构的稳定性和安全性。

（三）柱和柱的节点设计

为了运输便利，柱与柱的连接方式通常都是在施工现场进行的，为了保证稳定性，框架一般采用工字形或方形截面柱，箱型柱一般采用焊接的形式，柱与柱之间应该采用 V 形或 U 形焊缝，焊接角度不能少于 1/3，更不能少于 14 mm。为了钢结构的稳固性，柱与柱的节点连接还应该安装耳板，但是需要注意的是，耳板的厚度不能超过 10 mm，且坡口深度应大于板厚的 1/2。

（四）柱脚的节点设计

柱脚主要是起固定作用，将柱脚固定在整个柱的底端，通过这种固定，可以将整个柱身承受的内力下传至地基，因地基使用钢筋混凝土制造而成，承受的压力值远远大于接触面，所以柱脚的节点设计要求可以使高层建筑物最大限度地承受压力，保证其稳定性。在柱脚的节点设计中，铰接柱脚的设计可以使轴心承受更大的压力，如果柱轴承受的压力值较小，可以将柱脚的下端与底板直接焊接。

随着城市化进程不断加快，我国的高层建筑也在不断增多，钢结构被广泛地应用在高层建筑中，钢结构的应用在一定程度上加速了建筑业的发展。在高层建筑中，钢结构具有其他结构无法替代的安全性，相应地，建筑设计上对钢结构也就提出了更高的要求，不仅要保证钢结构的质量，而且需要不断提高钢结构的节点设计，还要在理论和实践上不断完善，以保证高层建筑的质量，促进我国建筑业的发展。

第二章 园林建筑设计

第一节 设计过程与方法

一、准备阶段

（一）园林建筑设计方向准备

园林除了作为人们游玩的作用外，其对内的使用功能也十分重要，园林中建筑功能主要从娱乐与服务两个角度来讲。

娱乐性是园林的特色所在。在园林中，人们可以暂时歇脚或游赏美景，因此建筑中要以审美专家的眼光来创设情境，像湖中小船、建筑观光梯、园林小桥等都能够展现园林特色，用来满足群众赏玩的心情。

服务性功能的设计更加注重综合性。在园林建筑中，提供生活类的产品是提升群众满意度的重要环节，要在适当位置建造购物场所、卫生间、轻便旅店等，方便人们日常生活需要。建筑中要涵盖办公场所、会议室、管理间、仓库、暗房等设施，满足管理人员对整个园区监督的需求。

（二）地形、植物、水体设计准备

1.地形与园林建筑设计准备

（1）地形对建筑布局及体形设计的影响。传统园林建筑设计中常推崇的结构形式为"宜藏不宜露、宜小不宜大"，提倡园林建筑结构与自然环境相互融合，即园林建筑布局、结构风格需要与场地原有地形协调一致，园林建筑要适应场地原有地形。此外，园林楼亭建筑设计中，常通过连廊连接各个楼亭，从而不破坏原有建筑风格。

现代园林建筑设计时，首先需要考虑园林周边地形，采用埋入式建筑结构可与周边地势、自然景观等协调一致。例如，杭州西湖博物馆整个结构以埋入地下式为主，在其顶部采用绿植种植的方式，使建筑与湖滨绿化带自然融合，以不破坏自然环境为根本，将自身内敛含蓄地将其隐藏在环境中。

（2）建筑设计以地形的视觉协调作为依据。在园林建筑设计时，可以将建筑和周边地形放在一起设计，形成清晰的建筑轮廓线，提高园林建筑的艺术效果。因此需要加强对园林建筑风格、结构轮廓、周边地形三者之间的研究。在进行风景园林建筑设计时，需要充分考虑地形与建筑风格的关系，以形成完美的天际线，提高园林建筑的设计效果。

在进行园林建筑设计时，若地形的起伏状况超出建筑结构的尺寸时，则建筑结构以周边地形为背景，即建筑为图、自然环境为底情况；若地形起伏尺寸与建筑结构相一致，需要使建筑结构适应自然地形，即园林建筑因地制宜；而对于沙漠风景建筑可模仿自然山体姿态，建筑如高山耸立，与平坦的沙漠形成鲜明对比，但是，其建筑材料必须与沙漠元素基本一致，这样才会形成建筑与自然的融合。

根据笔者多年园林建筑设计经验可知，地形可以与建筑有效结合，形成空间风景，且可以利用地势遮挡建筑结构设计中的不足。因此，在建筑结构设计中，园林设计人员可适当改造周边地形，指引人们的视线，确保人们欣赏到风景园林的完美风貌；还可以利用地形地貌将建筑结构划分成不同的结构体，既实现不同结构体的功能需要，又减小了建筑体的外形体积，从而减轻对周边自然环境的压迫感。

2.植物与园林建筑设计准备

由于植物的色彩、形态、大小、质地等不同，它丰富了园林的风景，是风景园林设计中不可缺少的元素之一。

（1）植物配置影响建筑布局和空间结构。在风景园林设计中，需要最大限度保留原有植物的完整性，维持原有生态的平衡。可以让建筑布局紧凑，以免占用过多的绿化面积。园林的建设设计需要采用多种风格，主要目的是为了与场地周边的环境保持一致。

在园林建筑设计中需要尽可能减少建筑面积来避免破坏自然环境。在建筑施工工艺选择时，可以修建架空平台来减少挖掘土方面积，尊重自然环境的生态平衡，实现园林建设结构与自然环境和谐共存的目标。

在园林建筑附近适当种植绿植可以有效地分割、构建建筑物的外轮廓，使建筑物的空间感更加明显。此外，种植灌木、乔木、草皮等可以形象地衬托出风景园林的硬质截面，增强建筑结构的色彩和质感，弥补建筑立面和地面铺装协调不足的问题，创建完美的风景园林环境。

（2）植物特征提高建筑的审美效用。植物是人、建筑、自然三者之间的桥梁，可以将建筑形体和视觉感受完美地统一起来。以美学视角观察植物与风景园林的关系，它可以使建筑物具有层次感和生命力，并将园林建筑与自然风景融为一体，也可联系建筑内外空间，从而实现协调整体环境视觉审美的目的。

利用植物的植冠高低，可以营造高低起伏的绿色美景。例如，在地势起伏区域种植一片可供观赏的灌木，并在其背后种植高大的常绿乔木，形成一幅美不胜收的绿海美景。

3.水体与园林建筑设计准备

在园林设计要素中，山石和水的关系最为密切，而传统的风景园林中不可缺少的元素则为水，传统中国山水园可称为"一池三山、山水相依"的山水园。

（1）建筑与水体互为图底。风景园林建筑设计时，在低洼区域设计水塘，并在其上面设置楼亭，从而使楼亭建筑与水面融为一体，营造一种楼亭漂浮于水面的假象。人与水具有密切的关系，可以在园林建筑群周边布置小溪，使建筑物充满生机活力，例如苏州的沧浪亭，在园外环绕一池绿水，与假山形成一幅山水画，从而体现了建筑的艺术风格。

（2）水体调节园林气候，改善小范围内的生态环境。众所周知，水体蒸发后可以增加周围空气的水分，改善周围环境的湿度和温度，在一定范围内调节环境和气候，可以维持小范围内的生态平衡。在水体中养殖鱼和观赏花，还可增强园林的动态美，为风景园林建筑增添生机和活力。

综上所述，在风景园林建筑设计中，需要注重对地形、植物、水体等元素的设计，它们可以弥补风景园林建筑的布局、空间、功能等设计不足。同时，需要充分利用自然环境创造的自然美，为实现人、自然、建筑三者之间的和谐来做出贡献。

二、设计阶段

各种项目的设计都要经过一个由浅入深、由粗到细、不断完善的过程，风景园林设计也不例外。它是一种创造性工作，兼有艺术性和科学性，设计师在进行各种类型的园林设计时，要从基地调查与分析现状入手，熟悉委托方的建设意图和基地的物质环境、社会文化环境、视觉环境等，然后对所有与设计有关的内容进行概括和分析，寻找构思主线，最后，拿出合理方案，完成设计。

设计过程一般包括接受设计任务书、基地现场调查和综合分析、方案设计、详细设计、施工图、项目实施等六个阶段。每个阶段都有不同的内容，需要解决不同的问题，并且对设计图纸也有不同的要求。

（一）任务书阶段

接受设计任务书是设计方与委托方之间的初次正式接触，通过交流协商，双方对建设项目的目标统一认识，并对项目时间安排、具体要求及其他事项达成统一意见，一般以双方签订合同协议书的形式落实。

设计师在该阶段应该利用与对方交流的机会，充分了解委托方的具体要求，如设计所要求的造价和时间期限等内容，为后期工作做好准备。这些内容往往是整个设计的基本要求，从中可以确定哪些值得深入细致地调查和分析，哪些只要做一般的了解。在任务书阶段尽量很少用图纸，常用以文字说明为主的文件。

（二）基地调查和分析阶段

了解任务书的内容后就应该进行基地现状调查，收集与基地有关的材料，补充并完善基地所需要的内容，对整个基地的环境状况进行综合分析。

基地现状调查是设计师到达基地现场后全面了解现状，并同图纸进行对照，掌握一手资料的过程。调查的主要内容包括：基地自然条件，如地形、水体、土壤、植被和气象资料；人工设施，如建筑及构筑物、道路、各种管线；外围环境，如建筑功能、影响因素、有利条件；视觉质量，如基地现状景观、视域等；图纸，如基地所在地区的气象资料、自然环境资料、管线资料、相关相关规划资料、基地地形图、现状图等，这些资料可以到相关部门收集，也可进行实地调查、勘测，尽可能掌握全面情况。除此以外，还应注意在调查时收集基地所在地区的人文资料，了解风土人情，为方案构思提供素材。

综合分析是建立在基地现状调查的基础上，对基地及其环境的各种情况做出综合性的分析评价，使基地的潜力得到充分发挥。首先应分析基地的现有条件与未来建设的目标，找出有利与不利的因素，寻找解决问题的途径。分析过程中的设想很有可能就是方案设计时的一种思路，作用之大可想而知。综合分析内容包括基地的环境条件与外部环境条件的关系、视觉控制等，一般用现状分析图来表达。

收集来的材料和分析的结果应尽量用图纸、表格或图解的方式表示，通常用基地资料图记录调查的内容，用基地分析图表示分析的结果。图面应简洁、醒目、说明问题，图中各种标记符号，需要配以简要的文字说明或解释。

（三）设计方案阶段

前期的工作是设计方案的基础和基本依据，有时也会成为设计方案构思的基本素材。

当基地规模较大及所安排的内容较多时，就应该在设计方案前先做出整个园林的用地规划或布置，保证功能合理，尽量利用基地条件，使诸项内容各得其所，然后再分区、分块进行局部景区或景点的设计。若范围较小、功能不复杂，实践中不再单独做用地规划，而是可以直接设计方案。

1.设计方案阶段的内容

设计方案阶段根据方案发展的情况分为构思立意、布局和方案完善等部分。构思立意是方案设计的创意阶段，构思的优劣往往决定整个设计的成败与否，优秀的设计方案需要新颖、独特、不落俗套的构思。将好的构思立意通过图纸的形式表达出来就是布局，布局讲究科学性和艺术性，通俗地讲就是既实用又美观。图面布局的结束同时也是一个设计方案的完成。客观地讲，设计方案首先要满足功能的需求，满足功能可以由不同的途径实现，因此实践中对某一休闲绿地有时须做出 2～3 个设计方案进行比较，这就是完善阶段。通过对比分析，最终挑出最为合理的一个方案进行完善，有时也可能是综合几个方案的优点，最后综合成一个较优秀的方案向委托方汇报。

该阶段的工作主要包括进行功能分区，结合基地条件、空间及视觉构图确定各种使用区的平面位置（包括交通的布置和分级、广场和停车场的安排、建筑和人口的确定等内容）。方案设计阶段常用的图纸有总平面图、功能分析图和局部构想效果图等。

2.设计方案的要求和评价

设计方案是设计师从一个模糊的设想开始，进行的一个艰苦探索过程。由于设计方案要为设计进程的若干阶段提出指导性的意见并成为设计最终成果的评价基础，因此，设计方案就成为至关重要的环节。设计方案的优劣直接关系到设计的成败，它是衡量设计师能力最重要的标准之一。因为如果一开始就在设计方案上失策，必将把整个设计过程引向歧途，难以在后来的工作中得以补救，甚至造成整个设计的返工或失败。反之，如果一开始就能把握设计方案的正确方向，不但可使设计满足各方面的要求，而且为以后几个设计阶段顺利展开提供了可靠的前提。

面对若干各有特点的设计方案，该如何选择？这就需要对各设计方案进行评价。尽管评价始终是相对的，并取决于做出判断的人、时刻、针对的目的以及被判断的对象，但是，任何一个有价值的设计方案都应满足下列要求。

（1）政策性指标。包括国家的方针、政策，各项设计规范等方面的要求。这对于方案能否被有关部门批准尤为重要。

（2）功能性指标。包括面积大小、平面布局、空间形态、流线组织等各种使用要求。

（3）环境性指标。包括地形利用、环境结合、生态保护等条件。

（4）技术性指标。包括结构形式、各工种要求等。

（5）美学性指标。包括造型、尺度、色彩、质感等美学要求。

（6）经济性指标。包括造价、建设周期、土地利用、材料选用等条件。

上述六项是指一般情况下对比较设计方案进行评价所要考虑的指标大类。在具体条件下，针对不同评价要求，项目可以有所增减。

由于设计方案阶段是采取探索性的方法产生粗略的框架，只求特点突出，而允许缺点存在，这样，在评价设计方案时就易于比较。比较的方法首先是根据评价指标体系进行检验，如果违反多项评价指标要求，或虽少数评价指标不满足条件，但修改困难，即使能修改也使方案面目全而非失去原有特点，则这种设计方案可淘汰。反之，可横向比较。

（四）详细设计阶段

设计方案完成后，应按协议要求及时向委托方汇报，听取委托方意见，然后根据反馈结果对设计方案进行修改和调整。设计方案确定后就要进行各方面的详细设计，完成局部设计详图，包括确定准确的形状、尺寸、色彩和材料，完成平面图、立面图、剖面图、园景的局部透视图以及表现整体设计的鸟瞰图等。

（五）施工图阶段

施工图阶段是将设计与施工连接起来的环节。要根据所设计的方案，结合施工的要求分别绘制出能具体、准确地指导施工现场各种图纸。

施工图应能清楚、准确地表示出各项设计内容的尺寸、位置、形状、材料、种类、数量、色彩以及构造和结构，完成施工平面图、地形设计图、种植平面图、园林建筑施工图、管线布置图等。

（六）施工实施阶段

工程在实施过程中，设计师应向施工方进行技术交底，并及时解决施工中出现的一些与设计相关的问题。施工完成后，有条件时可以开展项目回访活动，听取各方面的意见，从中吸取经验。

三、完善阶段

（一）提高绿化设计水平，实现绿化管理流程科技化

按照"做一流规划，建一流绿化"的理念，聘请高资质、高水平的园林绿化设计单位编制绿化工程设计方案。一些重点城市园林绿化设计方案，要通过报纸、电视等平台向社会公告，组织人员到国内园林绿化先进城市学习，邀请专家授课，开阔眼界，丰富城市园林绿化相关知识。

（二）优化道口绿化景观，提升绿地景观效果

要对城乡主要道路沿线进行绿化环境整治，完成高速公路匝道及互通景观、高铁沿线两侧绿化以及城乡主干道沿线绿化环境进行综合整治，提升城市形象，优化景观效果，构筑生态廊道。对城区道路景观进行总体规划，通过绿化景观分析，将城市道路的景观格局与历史、经济、文化、军事等多方面的城市文化主要脉络相结合，建设一批以文为魂、文景同脉、厚史亮今、精品传世之作。

（三）突破城乡分隔，推进全市集镇绿化

突破城乡分隔、中心城区与周边片区相互独立的绿化格局，有计划、有步骤地推进城区绿化向农村延伸，中心城区向周边片区辐射，粗放型绿化向景观型绿化转变。加强乡镇公园绿化、道路绿化、河道绿化建设，推动大型综合性公共绿地的乡镇加快建设。同时结合各乡镇特点，延伸建设多条生态廊道，充分利用自然生态，构建科学合理的城乡生态格局，形成全市域范围的分层次、全覆盖的绿地空间。按照先基本实现现代化的城镇绿化覆盖率指标，指导全市各镇（街道）推进集镇绿化建设，利用一切空间、地段绿化造林，并对原有绿化进行改造，提升品位档次，实现全市城镇绿化覆盖率提升40%以上。

（四）开展损绿专项整治，切实保障绿化成果

规范城市绿化"绿线"管制制度和"绿色图章"制度。城市规划区内的新建、改建、扩建项目，必须办理《城市绿化工程规划许可证》，并按批复内容和标准严格实施。严格绿线管控，采取切实有效的措施。市园林绿化行政主管部门要强化依法行政管理，对各类建设工程项目中的违法占绿、毁绿、毁林行为，以及临时占用城市绿地，修剪、砍伐、移植城市树木和古树名木迁移等行为进行严格调查和查处。

（五）注重绿化的整体规划，满足多样需求

城市园林绿化要以满足人性需求、生态需求、文化需求为原则，加强整体规划。首先，按照宜居园林城市的建设标准，在居住区内建设与其面积、人口容量相符合的园林绿地，同时在城市每 500m 范围内建设可入型绿地。在此基础上，大力推进城市慢性系统的建设，与内河的绿廊建设相结合，形成遍布全城的绿色网络。其次，将自然作为规划设计的主体，生态环保是永恒的主题，要顺应自然规律，进行适度调整，尽量减少对自然的人为干扰。最后，要把城市文脉融入园林绿化，形成城市园林特色。应针对大到一个区域、小到场地周围的自然资源类型和人文历史类型，充分利用当地独特的造景元素，营造适合当地自然和人文景观特征的园林类型。

（六）注重乡土树种的培育，倡导节约型园林绿化

乡土树种是经过长期的自然进化后保存下来的最适应于当地自然生态环境的树种，是当地园林绿化的特色资源，同时对病虫害、台风等自然灾害的抗逆性极强，可以减少管护成本。在城市园林绿化建设中应考虑多采用乡土树种，减少对棕榈科植物的运用，这样既保证足够的绿化面积，又达到了净化空气的效果，并且降低后期的管护运营资金投入。

（七）注重对古树名木的保护，展现文化内涵

古树名木既是一个城市发展的见证，也是城市历史和文化的积淀，是城市绿化的灵魂。要以有效保护古树名木为前提，因地制宜开发古树景观，开展古树观光旅游。在整体优化古树文化旅游环境的基础上，通过竖牌等方式广泛宣传古树文化；在濒死、枯死的古树名木旁添植同树种，以延续文脉；以古树名木为对象出版画册、读物等，丰富文化旅游产品，扩大古树名木影响力。古树名木作为现代生态旅游的重要资源，将为城市旅游建设锦上添花。

（八）注重科技创新，提升发展后劲

园林绿化不仅要在硬件上下功夫，还应加大科技创新力度，依靠科学技术进步促进城市园林事业发展。要针对园林绿化技术水平还相对落后、栽培养护管理措施较为粗放、专业技术人员和技术工人相对缺乏等问题，进一步加强园林绿化队伍技术建设和人才培养；加大科技投入，设立园林科研专项经费用于植物品种的优选培育、病虫害防治、园林设计、绿化养护以及生物多样性等科学研究；加强与国内外先进地区交流，积极引进和采用新技

术、新工艺、新设备，为城市园林建设提供科技支持。

四、设计思维特征与创新

现代园林建筑设计思维的确立是一个继承与创新的过程。随着社会的发展，不同的经济发展阶段所呈现的建筑设计思维也是不同的。而建筑设计思维特征的创新除了需要把握思维主体的变化外，还需要考虑建筑设计思维客体的对立和统一。

当前，随着我国建筑业的蓬勃发展，国内建筑设计的研究明显跟不上建筑业的整体发展，尤其是建筑设计思维方法的研究，还存在许多不足之处。应考虑如何进行设计思维的创新研究，方法寻找其中的发展规律，把握时代发展特征，寻找思维创新的突破点。当然，探索传统建筑设计思维存在的不足，理清建筑设计思维的内在联系，对于建筑设计思维的创新与发展具有极其重要的作用。

（一）传统园林建筑设计思维

1.园林建筑设计的基本方法

（1）平面设计法。平面设计是建筑设计的一项重要内容，它对于解决建筑的功能问题发挥着重要作用，能够很好地展示建筑设计的平面构想。虽然建筑是一个立体三维定量，单一的平面或是局部讨论是无法体现建筑设计概念的整体性的，但是，平面设计对于建筑是必需的。一方面，平面设计的好坏直接关系到建筑物的使用功能，另一方面，平面设计的流线分析也能使建筑功能较为合理。平面流线设计是一种常见的建筑设计方法，主要是先通过平面设计来分析用地关系，了解建筑物的用途，从建筑功能出发，进行合理的平面设计的组合分析，并且还要在平面设计的基础上考虑建筑的空间设计等。

（2）构图法。现代建筑设计的另一种基本方法是构图法。主要是针对现代建筑的空间、体量等几何形体要素的设计方法。通过构图来分析建筑空间各几何要素之间的关系，可以可分析出建筑的比例、结构、平衡等规律。而建筑设计构图法的使用，必须建立在设计师提前进行建筑定位的基础之上。只有首先知晓建筑的准确定位，才能对其几何空间形态进行科学、合理的构图设计。

（3）建筑结构法。结构法是另一种十分重视建筑结构的设计方法，它主要通过建筑的结构形态来展现建筑设计理念。建筑设计的结构主义与建筑物的空间关系十分密切，可以通过结构设计来表现建筑物的性质。而建筑的结构设计环节也能够适时地演变为建筑物的装饰环节。建筑结构的展现，是对建筑物空间结构内容的一种展现，它能够帮助人们加深对建筑内容多样性的判断。

（4）综合设计法。大部分现代建筑设计并不是针对单一建筑而言的，而是许多群体性建筑设计都十分复杂。因此，针对群体建筑，有必要对其进行拆分，采用适合单一的个体建筑的设计方法，这种综合性建筑设计方法的采用，不仅是对单一建筑特点的体现，而且也使各个单一建筑之间保持一种准确的相互依存的内在联系。综合设计方法更多使用在大型的建筑群体，如城市综合建筑以及城市整体建设等。

2.园林建筑设计思维

（1）社会文化的借鉴吸收。要从传统文化和社会规范中吸取建筑设计思想。可对过去传统的建筑设计进行较为系统的分析，从社会规范、自然法则、人文历史、文化传统以及人们的兴趣爱好、生活习惯中提取建筑设计的关键点，并将其作为建筑设计的出发点和建筑风格的体现。最重要的是要通过建筑设计的文化展现来改善人们的生活和行为习惯。

（2）其他艺术形式的借鉴。将特定的文化符号使用在建筑设计之中，使文化思想通过建筑体现出来。主要将文化符号使用在建筑物的内部或外部装饰上。此外，还可以通过特定的文化符号来衡量建筑的空间体量。我国的许多建筑都对传统的中国建筑特色进行了吸收，例如"中国红"的建筑色彩、传统的大屋顶等。这种象征性的文化符号在建筑设计中的使用还是十分普遍的。

（3）个人思想和情感的投注。优秀的建筑设计方案除了要有丰富的历史文化底蕴之外，还必须依靠优秀的建筑设计人才。建筑设计必须依靠设计师对建筑设计的热情和灵感。设计师将个人的情感和思想投注到建筑设计的创作中，将自身的知识储备转化成无限的创造力，为人们创造更加舒适的生活环境。这种个人思想和情感的投注，在现代建筑设计中是不可或缺的。同样，设计师的个人魅力和特色也是通过这种差异化的个人思想展现出来的。

（二）园林建筑设计创新思维的基本特征

1.反思特征

建筑设计的创新思维必须从常规中寻找差异，不是简单去重复思维惯性，而是对现实理论和建筑设计的实践进行分析，发现和反思结果，这样才能达到创新的目的。任何创造性活动都是从发现问题与解决问题入手的，其必须对以往的实践结果进行反思，才能找到创新点。同时要对自身的创作过程进行反思，设计往往不是一次就能成功的，反思是其中必不可少的过程，反思有利于再次审视，对创新是十分有意义的。

2.发现新特征

基于经验的设计不能够实现创新，只有发现新的认识才能实现创新，因此在实际的创新思维过程中必须发现新的特征与功能等，即对原有的认知进行超越。创新思维是人脑的高级反应，需要对表象进行分析，发现更多的可能性。简单反映现实的同时更应反映知识和事物隐含的可能性，从而实现对设计的创新，因此其思维必须跳出常规，发现基础知识点以外的关键问题。

3.实用特征

创新思维不能独立于现实，应从实际出发，任何创造性的成果最终都应投入到实际应用中，不能应用的创造是没有任何价值的。建筑设计的创新思维也应如此，如果建筑设计的最终结果不能应用到建筑实践中，建筑设计就失去了价值。所以创新思维必须依托实践，实现创新、实践、改进、再创新的过程，创新和实践之间必须保持连贯性。

4.相对特征

不同的思维方式会形成不同的结构，其具有相对性，因为任何创新都有其相对应的思维模式和方法，建筑设计的创新思维也是针对某个设计和观念的创新，即离不开时代和人文的特征，离不开实践活动。必须认识到创新思维方式有其特有的时代价值，思维方式是相对新颖的，不能对以往的方式和方法进行全盘否定，应依存于原有的经验进行创新。

（三）园林建筑设计思维方法的创新

1.绿色建筑设计的新思维

基于新技术、新材料的建筑设计思维方法的创新。绿色建筑设计成为现在建筑设计行业的一大趋势。它崇尚绿色设计、生态设计，将生态环境保护放在了建筑设计的重要位置。绿色建筑的定义多样，主要表现在：一是在保护生态环境的基础上，因地制宜、因势利导，多选用本土化的绿色材料；二是绿色建筑设计十分注重节能减排，在提高土地资源使用效率的基础上，实现绿色用地、节约土地资源为目的；三是绿色建筑充分利用自然环境，打破过去建筑内外部相互封闭的限制，采用绿色、环保的开放式建筑布局。

2.突出环保新理念

绿色建筑设计的发展是对建筑物的整体的控制，它十分重视建筑物在使用期限内的环境保护作用。绿色建筑设计对环境保护概念的体现是要合理利用绿色能源和可再生资源，最大可能地减少资源产生的污染性和有毒性。要利用清洁生产的绿色资源，在使用周期内循环利用资源，有效提升资源的利用效率，一定程度上节约资源，并缓解资源短缺的问题，使用绿色资源，保护生态环境，实现人与自然的和谐相处，这是建筑设计思维方法的新拓展。

3.建筑现场的整体性设计

建筑设计必须建立在实际的建设地址上，实现建筑设计与自然环境相符合的条件就是要保证对建筑现场的整体进行设计。建筑设计只有与实际的自然环境相符合，才能算得上是完整的建筑设计方案。建筑设计一定要立足现实的自然地理环境，根据当地的地理条件、气候状况、社会环境等因素，进行具体的考证与分析，才能使建筑设计方案具有可行性，也才能使绿色建筑思维得以真正贯彻落实。而建筑现场的设计应该注重几个方面的内容：建筑现场设计要尽可能保护好现场生物的完整性，不要过多地损害建筑现场原有的生态环境；要尽量满足对绿地建设面积的需要，保持现场水土，有效降低环境污染和噪声的产生；要尽可能减小建筑现场的热岛效应。

4.建筑布局设计

合理的建筑布局设计是体现建筑设计思维创新发展的另一个关键点。建筑业对能耗的需求非常大，我国约1/3的能源被建筑业消耗。进行建筑平面设计，首先就要做好降低能耗。改善建筑门窗的保温性能和加强窗户的气密性是节能的关键措施，选取高效门窗、幕墙系统等，可提升建筑的节能效率，此外，建筑的外墙设计要能满足室外的自然采光、通风等硬性要求，尽可能保证建筑设计的绿色和环保，有效减小建筑对电器设备的依赖性。建筑布局设计还要保证室内环境的温度以及热稳定等，建筑布局既要科学、合理，又要绿色、环保。

（四）当代建筑设计中的创新思维方法应用

1.层次结构方法

层次法是建筑设计中创新思维方法的一种，即对层次结构进行归类并设计，如双层结构、深层结构、表层结构等，其中双层结构应用较为广泛，双层结构可以相互作用，且相互构建。设计创新的思维方法就是在这个结构上拓展出来的。深层结构具有稳定性、持久性等优势，同时作为基础所产生的表层结构，通过不断改进和深化，形成众多的表层结构形式。因为表层结构具有多样化和动态化特征，所以其可以作用到深层结构上，因此在利用创新思维方法进行设计时，应深入地对深层结构创新进行分析，对其内在的规律进行剖析，从而获得创新的基础。将设计中采用的逻辑性和非逻辑性结合起来，在实际的工作中可以对多种建筑设计创新思维进行有效的控制，并使之与实践经验结合，让表层结构的拓展空间更大。

2.深层结构创新思维

建筑设计创新思维中，深层结构必须重视辩证统一，即逻辑性和非逻辑性的结合，逻辑性思维体现的是传统的定式，是设计必须遵守的原则，非逻辑的思维则是要创新和改变，但是不能脱离逻辑性而独立存在。建筑中逻辑性思维是满足科学和合理性，而非逻辑性思维则是要创新和突破，是创新设计的源泉，体现思维的突发性，其前提是材料的充分性、思维的突发性、结果的必然性，这些特征说明非逻辑思维不受传统理念和模式的影响，是抽象、概括、跳跃的思维模式，是对逻辑性的再造，可在建筑设计中形成新的逻辑性，并使之固化后得到应用，这就是深层次创新。

3.表层结构创新思维

表层结构是一种外化的形式，是深层结构创新的必然。表层结构应从深层结构转化而来，在一定的规律和方式下，深层结构可以有效地帮助表层结构形成多元化表象，所以深层结构是基础，是表层结构创新的根本动力。设计中应利用发散、收敛、求同、存异、逆向、多维等来完成创新，并使得深层结构得以更好体现。要实现现代建筑的创新思维方法的应用，就必须从深层结构入手，对表层结构进行灵活刻画，使之流畅表达，从而使得创新思维得以固化，形成最终的设计成果。还应注意表层结构的创新和收敛思维，从不同的角度对形成的创新点进行集中分析、选择，从而选择最佳形式，适应建筑准则，使得各种结论符合逻辑并满足常规科学性。

建筑设计创新思维是一种对客观事物进行发现和创造的思维模式，主要的目的是对现有的建筑结构和法则进行创新，从而获得更加丰富的建筑形式和功能。其设计的关键在于对层次结构的选择和创新，既要尊重逻辑性，也要利用逻辑创造非逻辑，使得表层和深层结构完美结合，这样才能保证创新思维是正确的。

第二节　场地设计解读

一、园林建筑的场地设计分析

本节针对园林设计的前期阶段——场地分析的重要性，就场地分析中对设计要求的分析、场地的内外环境的分析、参与场地其中的不同类别的人的心理分析这三个方面进行了探讨，阐明了前期阶段在园林设计过程中的重要作用，从而通过分析提高园林的质量、城市生态环境及人们生活环境的质量。

园林前期的场地设计分析是设计的基础。对场地的全面理解与把握、场地各条件要素分析得是否深入，决定了园林设计方案的优劣。本节阐述园林设计中该如何全面、系统地把握场地分析。

（一）园林建筑设计要求的分析

通常它以设计任务书的形式出现，更多的是表现出建设项目业主的意愿和态度。这一阶段需要明确该场地设计的主要内容、该项目的建设性质及投资规模，了解设计的基本要求，分析其使用功能，确定场地的服务对象。这就要求设计师与项目业主进行多方面、多层次的沟通，深刻分析并领会其对场地的要求与认识，避免走弯路。

（二）园林建筑场地设计的分析

场地设计分为外部环境和内部环境。

1.外部环境

外部环境虽然不属于场地内部，但对它的分析却绝不能忽视，因为场地是不能脱离它所处的周边环境而独立存在的。主要考虑外部环境对场地的影响因素。第一，外部环境中哪些是可以被场地利用的，如中国古典园林中的借景即是将场地外的优美景致借入，丰富了场地的景观。第二，哪些是可以通过改造而加以利用的，尽可能将水、植物等有价值的自然生态要素组织到场地中。第三，哪些是必须回避的，如废弃物等消极要素可以通过彻底铲除或采用遮挡的手法加以屏蔽，优化内部景观效果。总之，可以用"嘉则收之，俗则屏之"来表达。

2.内部环境

场地内部环境的分析是整个过程的核心。

（1）自然环境条件调查。包括地形、地貌、气候、土壤、水体状况等，为园林设计提供客观依据。通过调查，了解地段环境质量及其对园林设计的因素因素。

（2）道路和交通。确定道路级别以及各级道路的坡度、断面。交通分析包括地铁、轻轨、火车、汽车、自行车、人行等，还包括停车场、主次入口等分析。通过合理组织车流与人流，构成良好的道路和交通组织方式。

（3）景观功能。包括景区文化主题的分析。应充分挖掘场地中以实体形式存在的历史文化资源，如文物古迹、壁画、雕刻等，其次挖掘以虚体形式伴随场地所在区域的历史故事、神话传说、民俗风情等。对景区功能进行定位，修建观赏休闲、娱乐活动、科普教育等功能区。

（4）植被。植物景观的营建通常考虑选何种植物，包括体量、数量，如何配置并形成特定的植物景观。这涉及以植物个体为元素和植物配置后的群体为元素来选择与布局。首先应该从整体上考虑什么地方该配置何种植物景观类型，即植物群体配置后的外在表象，如密林、半封闭林、开敞林带、线状林带、孤植、灌木丛林、绿篱、地被、花镜、草坪等。植物景观布局可以从功能上考虑，如隔离噪声等；也可以从景观美化设计上考虑，比如利用植物整体布局安排景观线和景观点，或某个视角需要软化，某些地方需要增加色彩或层次的变化等。整体植物景观类型确定后，再对植物的个体进行选择与布局。涉及植物个体的分析有：植物品种的选择，植物体量、数量的确定，及植物个体定位等。根据场地的气候条件、主要环境因素和植物类型确定粗选的植物品种，根据景观功能和美学要求，进一步筛选植物品种。确定各植物类型的主要品种和用于增加变化性的次要品种。植物数量确定是一个与栽植间距相关的问题。一般说来，植物种植间距由植株成熟大小确定。最后，根据各景观类型的构成和植物本身的特性将它们布置到适宜的位置。在植物景观的分析中还要注意植物功能空间的连接与转化；半私密空间和私密空间的围合和屏蔽，以及合理的空间形式塑造及植物景观与整个场地景观元素的协调与统一。

（5）景观节点及游览路线。这里需要确定有几条主要游览路线，主要景点该如何分布并供人欣赏，主要节点与次要节点之间如何联系等。

园林设计就是通过对场地及场地上物体和空间的安排，来协调和完善景观的各种美化，每一个场地有不同于其他场地的特征，同时对场地各个方面的分析通常是交织在一起的，相互关联又相互制约。因此，在设计中既要逐一分析，又要全面考虑，使之在交通、空间和视觉等方面都有很好的结合，促使人、景观、城市以及人类的生活和谐。

场地分析应用于园林规划设计的前期阶段，是对设计场地现状、自然及人文环境进行全方位的评价和总结。通过全面深入的分析，系统地认识场地条件及特点，可为设计工作提供具体真实的参考和指导。

（三）园林设计场地分析的内容及作用

场地分析是在限定了场地预期使用范围及目标的前提下进行的。场地分析的过程包括收集场地相关信息并综合评估这些信息，最终通过场地分析得出潜在问题。

1.园林建筑设计前期资料的搜集

根据项目特点收集与设计场地有关的自然、人文及场地范围内对设计有指导作用的图纸、数据等资料。收集资料主要包括五个方面：自然条件、气象条件、人工设施情况、范围及周边环境、视觉质量。

2.园林建筑设计场地分析的主要工作

（1）对场地的区位进行分析。区位分析是对场地与其周边区域关系以及场地自身定位进行的定性分析。通过区位分析列出详尽的各种交通形式的路线，可以得到若干制约之后设计工作的限定性要素，例如场地出入口、停车场、主要人流及其方向、避让要素（道路的噪声等）。此外，通过场地功能、性质及其与周边场地关系可确定项目的定位，并根据场地现状及项目要求，结合多方面分析综合得出场地内部空间的结构关系。

（2）对场地的地形地貌进行分析。在设计中因地制宜并充分利用已有地形地貌，将项目功能合理布置于场地中。地形地貌分析包括场地坡度分析和坡向分析。通过对坡度和坡向分析找出适宜的建设用地，在保证使用功能完整和最佳景观效果的基础上尽量充分利用场地现状地形，减少对场地的人为破坏及控制工程造价。在坡向分析中应兼顾植物耐阴、喜阳等因素，在建筑布置中更要考虑建筑室内光照、朝向等因素。

（3）对场地的生态物种进行分析。要分析统计场地中原有植物品种及其数量与规模。植物是有生命的活体，不但可以改善一方气候环境，也是园林中展现岁月历史最有力的一面镜子。因此，通过对场地原有植物的分析，植物造景在尽量保留原场地中可利用植被的前提下展开，在控制工程造价的同时维护场地原有植物环境。

（4）对场地气候及地质及水文进行分析。通过对前期收集的土壤、日照、温度、风、降雨、气候等要素的分析，可得到与植物配置、景观特色以及园林景观布局等息息相关的指导标准。如自然条件对植物生长的影响，包括日照、风力及小气候对人群活动空间布局的影响等。此外还需注意场地地上物、地下管线等设计的制约因素，对这些不利因素需要标明并在设计阶段进行避让。

（5）对场地视线及景观关系进行分析。通过对场地现状的分析，确定场地内的各区域视线关系及视线焦点，为其后设计提供景观布置参考依据。例如景观轴线、道路交汇处等区域在园林设计中需要重点处理。应充分利用场地历史景观文脉的延续，即设计地段内已建景观或可供景观利用的其他要素，例如一个磨盘、一口枯井等都可以作为场地景观设计。场地外视线所及的景观也可借入场地中，如"采菊东篱下，悠然见南山"即是将"南山"作为景观要素引入园内。

（6）对人的需求及行为心理进行分析。人与园林环境的关系是相互的，环境无时无刻不在改变着人们的行为，而人们的行为同时也在改变着环境。不同人群对周边环境有着不同的要求，因此根据场地现状深入分析潜在使用人群的需求，可使设计更加人性化。不同年龄段、文化层次、工作性质、收入状况的人群，他们有各自不同的需求，而针对不同的需求所营造的景观也各不相同。例如，园林草坪中被人们踩踏出条条园路就是由于前期分析缺失造成的。设计前期进行人流分析，可帮助设计师描绘出场地中潜在的便捷道路。

（7）对场地的社会人文进行分析。通过查阅历史资料及现场问寻，获得场地社会人文方面的信息。对场地社会、人文信息进行分析可帮助设计师把握场地主题、立意，为场地立意提供依据。如历史故事、神话传说、名人事迹、民俗风情、文学艺术作品等。而地标性及可识别性也可以唤起人们对场地历史的追忆，如一棵古树、一座石碑或是一台报废的车床。

每个设计项目的场地现状都不可能与项目要求完全一致，因此在完全了解项目要求的前提下，需要依据前期收集的资料对场地现状进行分析与评估，掌握场地现状与项目计划及功能要求之间的适宜程度。根据场地的适宜度找出场地现状中无法满足项目要求的因素，进而在后面的设计阶段通过一定方式方法对这些不利因素进行调整。

3.园林建筑场地设计分析的意义

确定了场地空间布局、功能及区域关系。通过场地分析首先划分场地功能分区，基于不同的功能分区对分析成果组织路网、布置空间。确定植物选种及配置依据，合理选择植物品种，保证设计植物的成活率。为设计方案提供立意的思想来源，通过对人文资料的收集，从而挖掘提取设计主题思想。避免和解决场地中的不利因素。指出场地内的不利因素，包括不利的人工环境和自然环境，如地上及地下管线、环境、土质等，使设计师轻松地避免这些问题。使场地自然生态、历史文脉及民风民俗的保护和延续成为可能。

二、园林建筑工程场地标高控制和土方量总体平衡关系

园林工程是城市改造的主要形式之一，通过人工建立的自然环境，让人们的居住环境与自然相协调，形成社会、经济、自然的和谐统一，对于社会个人来说，还增加了欣赏的价值，陶冶人们的情操，缓解生活和工作的压力。城市环境质量的改善，除了在城市的街道进行植物和草坪的种植外，还可以在市区内进行园林工程的建设。园林工程作为一个小型的生态体系，在给人们带来自然享受的同时，也增添了艺术气息，为城市生活增添了一份活力。园林工程涉及设计学、植物学、生态美学、施工组织与管理等多个学科，需要根据设计图纸进行设计，要充分考虑到施工所在地的水系、地形、园林建筑、植物的生长习性等，要有全局统筹的概念，才能顺利实现设计意图。因此，园林工程管理体现出较强的综合性特点。植物种植完成后，后续的养护管理是一项持续性的、长期性的工作。养护管理不仅要保护植物健康生长，还要合理维护园林的整体面貌，根据植物生长情况适时浇水、施肥、修建绑扎，做好保洁等工作，才能保证园林景观的艺术性与和谐性。景观建设是一

门艺术建设工作，施工时要重点考虑品类、植物配置、古典园林等各种艺术元素，保证园林景观的艺术性。

（一）园林建筑工程场地标高控制

在园林工程施工建设的过程中，对于场地标高的控制与优化是一个非常重要的问题，土石方的工程也是园林绿化工程中的关键环节。在园林绿化工程中，场地标高的控制与优化和土石方工程的关系非常密切，要严格按照规定进行设计，确保园林绿色工程的质量，使得园林工程顺利进行下去。园林绿色工程中土石方工程的设计要求一般包括如下：

（1）在对园林工程平面施工图进行设计时，一定要保证施工的基本安全，还要设计出园林建筑底层总体的平面图，并且要反映出园林建筑物的主体和园林挡墙的关系。

（2）在设计的时候还要考虑施工现场和周边环境的连接与协调，要按照园林工程项目的实际情况、园林工程的难易程度，园林工程总体的平面图与平场的施工图进行设计。

（3）在进行园林工程设计的施工时，为了保证园林工程在施工建设与使用期间的安全，一定要达到园林工程的技术规范要求，保证园林工程施工现场的排水系统能够安全使用。

（4）在进行园林工程设计的时候，一定要科学合理地利用施工当地的自然条件，并且对施工现场的标高进行控制与优化，尽量满足园林项目工程的管线敷设要求与园林建筑的基础埋深要求，满足园林工程的设计要求。

总而言之，我们在实现园林工程的景观效果与整体功能之后，要尽量保证施工的安全性与经济效益最大化，进而使得场地标高得以控制与优化。当然安全施工是最重要的，在对园林工程进行设计的时候，要做到以上几条，并且要结合施工现场的标高控制与优化的要求，尽量减少外运和借土回填，这对于施工时的排水非常有利。还要考虑到道路的坡度，园林景观造景的需要，一定要控制园林工程的成本核算。

（二）土石方工程在园林建筑工程设计中的意义

在园林工程施工中，土石方工程主要内容包括：施工现场的平整，基槽的开挖，管沟的开挖，人防工程的开挖，路基的开挖，填筑路基的基坑，对压实度进行检测，土石方的平衡与调配，并且对地下的设施进行保护等。在园林工程中，土石方工程主要指的是在园林工程的施工建设中开挖土体、运送土体、填筑和压实，并且对排水进行减压、支撑土壁等这些工作的总称。在实际的工作中，土石方工程比较复杂，所涉及的项目也非常多，在施工中一定要了解施工当地的天气情况，要尽量避免雷雨等这些恶劣天气对工程的影响，要科学合理地安排土石方工程施工的计划，要在安全环境下进行施工建设。还要尽量降低土石方工程的施工成本，和一定要预先对土石方进行调配，对整个土石方工程进行统筹，一定不要占用耕地的面积。要严格遵守国家施工建设的原则与标准，一定要做好架构的项目组织。还要对相关环节进行把控，并且对其基础设施进行保护，对土石方进行调配与运送。对工程施工进行组织，制定科学合理的土石方工程建设施工方案。

（三）园林建筑工程场地标高控制和土方量总体平衡的关系

在园林工程施工的过程中，土石方工程一定要严格按照施工规范进行施工，其技术水平一定要达到标准，对后期景观中每种类型的园林工程道路标高进行控制，在对施工现场表面的坡度进行平整时，一定要严格按照科学设计规范的要求进行设计。在施工中要尽量避免"橡皮土"的出现，以免影响施工的进度，在自然灾害频发的季节进行施工的时候，一定要采取有效的措施。在回填土方之前，一定要严格按照相关规定选择适合的填料。在进行平基工作的时候，一定要确保安全施工，在施工现场的周围与场内设置安全网。对斜坡要实施加固处理，在填土区挖方，要尽量避免因为爆破行为破坏建筑物与构筑物基础的持力层与原岩的完整性，在实施爆破的时候一定要采取专门的减震方法。在对岩土区挖方的时候，一般情况下需要爆破的地方大部分地形比较复杂，并且岩石的硬度也比较高，园林工程土石方的施工建设一定要严格按照设计规范与基本要求进行设计，在园林工程土石方进行施工之前，一定要综合地进行平衡测算，并且保证工程质量与安全。在进行建设施工的过程中，一定要严格按照相关的技术指标参数平衡调配，尽量减少工程的施工量，土石方的运程距离一定要最短，其施工程序一定要最科学合理。进行土方施工的时候，要统筹全局，并且对景观造景、园林建筑与园林道路的标高进行控制，对土方量的填挖进行总体的控制，要理论结合实际，尽量和后期项目的施工相结合。如果园林工程的内部土方不可以进行总体平衡，甚至需要将附近园林工程当作备选，一定要及时进行协调，并且提前做好准备。要尽可能将场地的标高进行控制与优化，并且要做到土方量总体平衡，要把这些问题有机地结合起来，尽量避免把大量的余土拉出来，避免四处借土，尽可能因人为原因造成的园林工程土石方的成本出现失控，进而避免经济损失。

综上所述，在园林工程施工建设中，一定要严格按照设计原则与施工要点进行设计，园林工程中土石方工程是基础环节，为了保证安全和施工进度，一定要对施工现场的标高进行控制与优化，两者要相互结合，这些都影响到园林工程的质量与工程施工进度。因此，保持土方量的总体平衡，并且形成良性循环，进而为完成园林工程的总体目标奠定坚实的基础，确保园林工程的质量。

三、园林建筑工程设计用地

随着城市化的不断发展，在城市内部进行风景园林建设已经成为一种发展趋势。在进行风景园林设计时，有许多需要注意的问题，其中包括用地的规划、植被的选择以及景观的规划。这里通过对园林设计中的设计用地进行研究，提出针对性措施，在进行园林设计的时候，应该按照因地制宜的原则进行规划，并且需要保护环境。

（一）地势平坦的园林场地设计

平坦的地势是分布最广、也是最为常见的一种地形，在城市中被广泛应用。设计作为城市中最常见的地形，在建设时也会遇到问题，需要对规划时遇到的问题进行分析，并找出解决方法。这种园林的形式都有着相同的地方：在进行园林规划的时候，对现有的园林景观以及整个城市内部的地形和地势进行了调查，而且对整个城市内部的景观和地位进行了控制和管理。在建设的时候，由于平坦地形的独特位置，需要按照国家规定进行建设。当然，为了营造出美好的画面，大多数设计师会在这些地方设计一些明显的建筑物，也就是在这些地方进行一些地标的建设。

在进行平坦地形规划的时候，有许多问题是需要注意的，设计师需要不断提升设计规划能力，在进行建设的时候需要注意以下两点。第一，处理好设计的景观和已经存在的建筑物之间的关系，换句话说，对当地特别明显的建筑物，我们需要缩小其与参照物之间的距离，也可以小范围减少参照物的用地，以此减少景观用地。我国的某个园林景观在进行规划的时候就采用了这种方法，这个园林景观在设计之初就以这个地方的一个纪念碑为参照物，整个园林中就是只突出这个纪念碑，那么在进行其他景观设计的时候就缩小周边的景观和建筑物，以此来突出纪念碑的高大，这样的设计不仅降低了整个景观建设的造价，更减少了建设用地的面积。第二，需要对园林中的景观和环境进行处理，换句话说，在进行设计的时候，不能为了满足设计的美感，而忽略对环境的保护。例如，2010年上海世博会，在进行馆区建设的时候，就遵循了这种原则，做到了既美观又能够保护环境。在众多馆园中，以贵州馆为例，这个馆在进行建设的时候，以贵州当地的景观为设计依据，并对建设地方的环境进行了科学的处理，实现景观优美的同时又保护了环境。

平地景观建设的时候需要按照以下几点进行规划和设计：对于不能够有效利用的土地，我们在进行景观建设的时候，需要借鉴当地的一些设计理念，对其加以利用，更好地实现每一寸土地的价值；在进行设计的时候，需要将景观的美观和保护环境结合在一起，可以运用科学的手段，做到既能够减少建设用地，又能够降低建设的造价。

（二）傍水园林的场地设计

自古以来，我国的园林建设中，以"水"为主体的景观数不胜数，傍水园林在我国的园林体系中占据主要的位置。水的利用使我国的景观中存在了一种特别的韵味，它能够对周边的环境起到烘托的作用。现阶段，我国的水景观中，由于水系统的利用不合理，在进行管理的时候，不仅不能够对景观进行有效的管理和控制，而且使我国的景观存在着一系列的问题。本节对景观中容易出现的问题进行了研究，并提出了解决措施。傍水景观中存在的问题有两种：第一，设计的景观中存在着较多的建筑物，由于建筑物过多，所设计的景观起到的美观作用就较少；第二，对水资源的利用不合理，由于水系统组成的景观比较复杂，不方便管理，而且会使设计的景观没有主题，人们在欣赏的时候就不能体会到景观的主题。

解决方法是结合当地的建筑物加以分析，避免建筑物过于高大而影响了景观美化的作用，需要对当地的环境进行集中管理，做到建筑物与景观相辅相成，起到互相促进的作用，制定水资源利用标准，合理利用水资源，尽可能让水景观的作用最大化。要对原有的水景观进行整顿和规划，并对不合理的景观进行整改。由于当地的建筑物比较大，在进行景观设计的时候，不能对原有的建筑物进行改造，因此可以运用上述方法进行改造，换句话说就是缩小参照物。

（三）山体园林的场地设计

1.遇到的问题

山体景观的规划一直是园林景观设计中的难题，通过对主要问题进行分析，发现对山体的空间运用不合理是最大的问题。我国的地理差异较大，山体在我国的地形中占据主要的位置，对山体空间的利用，是在进行景观设计的时候需要掌握的方法之一。如果对山体的植被进行栽植不合理，之后所营造出的氛围以及视觉效果就不够明显。

2.常用方法

针对上述问题，应进行科学的管理和规划。对于空间问题，可以利用新型的软件进行设计，这样能够在设计的时候将问题想得全面；还可以结合新型软件对发现的问题进行管理和解决，使设计的结果变得更加合理；还可以积极地学习国外先进的设计方法，使设计结果越来越现代化；需要对已经建设过的山体景观进行整顿，使旧的景观和新的景观结合在一起，让整个景观的安排变得合理；需要发挥景观的美化作用，要使整个设计的结果符合设计的原意，更好地发挥景观的作用。

综上所述，在对园林景观进行设计时，需要结合当地的管理原则进行土地的规划和管理，同时确保设计原则符合国家的建设与规划标准。另外在保护环境的前提下，要做到景观的美化。

四、结合场地特征的现代园林建筑规划设计

"湖上春来似画图，乱峰围绕水平铺，松排山面千重翠，月点波心一颗珠。碧毯线头抽早稻，青罗裙带展新蒲，未能抛得杭州去，一半勾留是此湖。"白居易的《春题湖上》让美丽的西湖家喻户晓，而西湖名胜为何如此闻名中外，除了宣传力度大，最根本的原因还是它结合场地特征进行优秀风景园林规划所呈现出的浓郁的魅力。而风景园林设计就是在一定的地域范围内，运用园林艺术和工程技术手段，通过改造地形，种植树木、花草，营造建筑和布置原路等途径创造优美的自然环境。它所涉及的知识面较广，包括文学、艺术、生物、工程、建筑等诸多领域，同时，又要求综合多学科知识统一于园林艺术之中，使自然、建筑和人类活动呈现出和谐完美、生态良好、景色如画的境界。而现代的风景园林规划设计不仅遵循因地制宜的原则，更多地关注空间场所的定义，园林文化的表达，新技术、新理念的融合。

（一）空间场所的定义

如西湖风景名胜是建立在其场所特征之上的。杭州位于钱塘江下游平原，古时这里是一个烟波浩渺的海湾，北面的宝石山和南面的吴山环抱着这个海湾的岬角，后来由于潮汐冲击，湾口泥沙沉积，岬角内的海湾与大海隔开了，所以湾内成了西湖。由此，它三面环山，重峦叠嶂，中涵绿水，波平如镜，这三面的山就像众星拱月一般，围着西湖这颗月亮。虽然山的高度都不超过 400 米，但峰奇石秀、林泉幽美，深藏着虎跑、龙井、玉泉等名泉和烟霞洞、水乐洞、石屋洞、黄龙洞等洞壑，而西湖风景区里的诸多景点更似浑然天成，少有人工雕琢的痕迹，即使少许堆砌，也充满着自然的韵味，例如西湖中的三潭印月，它不仅是全国唯一一座"湖中有岛，岛中有湖"的著名景观园林，其三塔奇观更是全国仅有，犹如神来一笔，让西湖更富有诗意。

（二）园林文化的表达

西湖风光甲天下，半是湖山半是园。西湖之美一半在山水，一半在人工，形式丰富，内涵深厚。并且精工巧匠、诗人画家、高僧大师，使园林之胜倍显妩媚。西湖文化最可贵的是其公共开放性，在很多人的印象中，最能表达西湖文化的莫过于苏轼的《饮湖上初晴后雨》："水光潋滟晴方好，山色空蒙雨亦奇。欲把西湖比西子，淡妆浓抹总相宜。"正因为有如此丰富的文化，西湖风景区园林设计、创作方式才多种多样，而且灵感来源极其丰富，桃红柳绿，铺满岁月痕迹的青石板、各色的鹅卵石等与周围环境融为一体。正如巴西著名设计师布雷·马克斯所说："一个好的风景园林设计是一件艺术品，对比、结构、尺度和比例都是很重要的因素，但首先它必须有思想。"这个思想是对场地文化的深层次挖掘，只有这样的设计作品才能体现出色的艺术特质，让景点充满生机。

（三）新技术、新理念的融合

风景园林设计的最终目标与社会生活的形式及内容之间的关系表明了熟悉和理解生活对于园林设计创作的意义，新技术的不断涌现，让我们在风景园林规划上有更多的展示空间，新技术的创造让"愚公移山"不再是几代人的接力赛，新理念的融合让场地在保护自己的同时更完美地呈现艺术美。

如在西湖环湖南线的整合中，始终贯穿着一个非常清晰的理念：在自然景观中注入人文内涵，增强文化张力，将南线新湖滨建设成自然景观和文化内涵相互结合的环湖景观带，成为彰显西湖品位的文化长廊，充分保持、发掘、深化、张扬其文化个性，使其成为环湖南线景区整合规划的核心。整合的南线有通透、开朗、明雅、俊秀的风光，西湖水被引入南线景观带，人们站在南山路上就能一览西湖风光，南线还与环湖北线孤山公园连成一线，并与雷峰塔、万松书院、钱王祠、于谦祠、净慈寺等景点串珠成链，形成"十里环湖景观带"。杨公堤、梅家坞等这些已被人们淡忘的景点重新走进人们的视线，野趣而不失和谐，堆叠而不失灵动。清淤泥机、防腐木等新技术产品的广泛运用，也让西湖西线杨公堤景区成为一道亮丽的彩虹，木桩驳岸等新工艺的运用让湖岸的景观更趋自然。

现代风景园林规划设计首先关注的是场地特征。奥姆斯特德和沃克斯在 1858 年设计纽约中央公园时，场地还满是裸露的岩石和堆积的废弃物，奥姆斯特德就畅想了它多年后的价值，一个完全被城市包围的绿色公共空间，一个美国未来艺术和文化发展的基地。在尊重场地的基础上，经过改造，它现在成为纽约"后花园"，面积广达 341 万平方千米，每天有数以万计的市民与游客在此从事各项活动，公园四季皆美，春天嫣红嫩绿、夏天阳光璀璨、秋天枫红似火、冬天银白萧索。有人这样描述中央公园："这片田园般的游憩地紧邻纽约城的喧嚣，但是它用草坪、游戏场和树木、葱茏的小溪缓释着每位参观者的心灵。"

西湖景区在杭州城市大发展的同时，在空间场所的定义、文化表达、新理念的融合上迈出了坚实的一步，充分展现了其场地上优秀的旅游资源，让新西湖更加景色迷人，宛若瑶池仙境。西湖之外还有好多"西湖"，在现代风景园林规划设计中只有不断提升认识水平，发掘场地深层次的含义，才能创造出一个个美好的景观场所。

第三节　方案推敲与深化

一、完善平面设计

城市化进程不断加快，在推动人们生活水平不断提高的同时，也带来了环境污染和破坏的问题，人们对于自身的生活环境提出了更高的要求，希望可以更加方便地亲近自然。在这样的背景下，城市园林工程得到了飞速发展。在现代风景园林设计中，平面构成的应用是非常关键的，直接影响着园林设计的质量。本节结合平面构成的相关概念和理论，对其在园林设计中实施的关键问题进行了分析和探讨。

（一）平面构成的相关概念

从基础含义来看，平面构成是视觉元素在二次元平面上，按照美的视觉效果和相关力学原理进行编排和组合，以理性和逻辑推理创造形象，研究形象与形象之间排列的方法。简单来讲，平面构成是理性与感性相互结合的产物；从内涵来看，平面构成属于一门视觉艺术，是在平面上运用视觉和知觉作用所形成的一种视觉语言，是现代视觉传达艺术的基础理论。在不断的发展过程中，平面构成艺术逐渐影响着现代设计的诸多领域，发挥着极其重要的作用。在发展初期，平面构成仅仅局限于平面范围，但是随着不断发展和进步，逐步产生了"形态构成学"等新的学说和理论，延伸出了色彩构成、立体构成等构成技术，不仅如此，除强调几何形创造外还应该重视完整形、局部形等相对具象的艺术形式。

（二）平面构成在园林设计中的方案推敲与深化

在现代设计理念的影响下，现代园林设计不再拘泥于传统的风格和形式，呈现出了鲜明的特点，在整体构图上摒弃了轴线的对称式，追求非对称的动态平衡；而在局部设计中，也不再刻意追求烦琐的装饰，更加强调抽象元素，如点、线、面的独立审美价值，以及这些元素在空间组合结构上的丰富性。不仅如此，平面构成理论在园林设计中的应用具有良好的可行性，一是园林设计可以归类为一种视觉艺术，二是艺术从本质上看，属于一种情感符号，可以通过形态语言来表达，三是视觉心理趋向的研究为平面构成理论提供了相应的心理学前提。平面构成在园林设计中的应用，主要体现在两个方面：

1.基本元素的设计方案推敲与深化

（1）点的应用。在园林设计中，点的应用是非常广泛的，涉及园林设计的建筑、水体、植被等设计构成，点元素的合理应用，不仅能够对景观元素的具体位置进行有效表现，而且还可以体现出景观的形状和大小。在实际应用中，点可以构成单独的园林景观形象，也可以通过聚散、量比以及不同点之间的视线转换，构成相应的视觉形象。点在园林设计中的位置、面积和数量等的变化，对于园林整体布局的重心和构图等有着很大的影响。

（2）线的应用。与点一样，线同样有丰富的形式和情感，在园林设计中，比较常用的线形包括水平横线、竖直垂线、斜线、曲线、涡线等。不同的线形可以赋予线元素不同的特性。

（3）面的应用。从本质来看，面实际上是点或线围合形成的一个区域，根据形状可以分为几何直线形、几何曲线形以及自由曲线形等。与点和线相比，面在园林设计中的应用虽然较少，但也是普遍存在的，例如，在对园林绿地进行设计构造时，可以利用不同的植物，形成不同的面，也可以利用植物色彩的差异，形成不同的色面等。在园林设计中，对面进行合理应用，可以有效突出主题，增强景观的视觉冲击力。

2.形式法则设计方案的推敲与深化

（1）对比与统一。对比与统一也可以称为对比与调和，其中，对比指突出事物相互独立的因素，使得事物的个性更加鲜明；调和指在不同的事物中寻求存在的共同因素，以达到协调的效果。在实际设计工作中，需要做好景区与景区之间、景观与景观之间的对比与统一关系的有效处理，避免出现对比过于突出或者调和过度的情况。如在不同的景区之间，可以利用相应的植物，通过树形、叶色等方面的对比，区分景区的差异，吸引人们的目光。

（2）对称与均衡。对称与均衡原则是指以一个点为重心，或者以一条线为轴线，将等同或者相似的形式和空间进行均衡分布。在园林设计中，对称与均衡包括了绝对对称均衡和不绝对对称均衡。在西方园林设计中，一般都强调人对于自然的改造，强调人工美，不仅要求园林布局的对称性、规则性和严谨性，而且对于植被花草等的修剪也要求四四方方，注重绝对的对称均衡；而在我国的园林设计中，多强调人与自然的和谐相处，强调自然美，要求园林的设计尽可能贴近自然，突出景观的自然特征，注重不绝对对称均衡。

（3）节奏与韵律。任何一种艺术形式，都离不开节奏与韵律的充分应用。节奏从概念上也可以说是一种节拍，属于一种波浪式的律动，在园林设计中，通常是由形、色、线、块等有条理地重复出现，通过富于变化的排列和组合，体现出相应的节奏感。而韵律则可以看作是一种和谐，当景观形象在时间与空间中展开时，形式因素的条理与反复会体现出一种和谐的变化秩序，如色彩的渐变、形态的起伏转折等。园林植物的绿化装置中，也可以充分体现出相应的节奏感和韵律感，使得园林景观更加富有活力，减少出现布局呆板的现象。

（4）轴线关系的处理。所谓轴线关系，是指将空间中两个点的连接而得到的直线，然后将园林沿轴线进行排列和组合。轴线在我国传统园林设计中应用非常广泛，可以对园林设计中繁杂的要素进行有效排列和协调，保证园林设计的效率和质量。

总而言之，在现代园林设计中应用平面构成艺术，可以从思想和实践上为园林的设计提供丰富的资源和借鉴的对象，需要园林设计师充分重视，保证园林设计的质量。

二、完善剖面设计

从哥特式建筑的金科玉律到现在，建筑长久以来自发地保持与时代特征的关联与协调。玻璃表皮和玻璃墙面的大面积使用，将建筑骨架显现为一种简单的结构形式，保证了结构的可能性，空间从本质上被释放，为设计和创作的延续奠定了基础。伴随着人类社会的演化，城市区域的发展以及技术的进步，建筑进入当代开始呈现出独立的，时刻有别于他者的空间职能。这促使当代建筑师对建筑的本质做出反复的思考与探讨，其中创作手段的探索也如同人们对于外部世界的认识，抽丝剥茧，走向成熟，并得益于逆向思维和全局观的逐渐养成，将设计流程对象及参照依据直接或间接地回归建筑生成的内核。剖面设计在其中逐步起到重要的指导作用。保罗·鲁道夫认为建筑师想要解决什么问题具有高度的选择性，选择与辨识的高度最终会体现在具体的内外空间的衔接和处理中，即深度化的剖面设计。

（一）透视剖面设计方案的推敲与深化

1."表"

传统制图意义上的剖面可概括为反映内部空间结构，在建筑的某个平面部位沿平行于建筑立面的横向或者纵向剖切形成的表面或投影。空间形式和意义的单一化导致人们长期以一种二维视角审视剖面，因此也束缚了人们的创作。同理，早期线性透视法作为文艺复兴时期人类的伟大发现，长久以来支配着建筑的表达。一点透视以其近大远小的基本法则成为人们简化设计思绪、力求刻画最佳效果的首选方法。然而，线性透视作为人们认识的起点，作为建筑设计的表达和思考方法似乎太过局限，一点往往可以注重重点及其视线方向上的物景，却忽略了其他方向上景观的表达。透视从近处引入画面，向着远处的出口集聚。如此，一个不同时间发生的多重事件被弱化为共时性的空间，进而只能针对局部描述，切断了建筑整体的联系组织，不利于设计师对于建筑设计初期的整体把握。

2."里"

中国古代画作中使用散点画法，以求在有限的空间中实现更好的效果。唐代王维所撰《山水论》中，提出处理山水画中透视关系的要诀："丈山尺树，寸马分人。"这其中并没有强调不同景深的事物尺度的差异。相反，西方绘画中十分重视景物在透视下的呈现，中国画中少了一些西方的数理逻辑，多了几分写意的存在。空间纵深上的处理往往具有多个消失点，观察者不仅可以以任意的元素为出发点欣赏画作的局部，同时由于画面本身环境的创设，也可以让观察者站在全局的角度产生与宏大意境的有效对话，而不受局部"不合理"的透视的束缚——艺术表现与现实达到均衡。全景摄像技术也类似，如若采用西方画法中"焦点透视法"就无法实现。显然，山水画中情景类似现实建筑场景的抽象，中国方画法中的散点透视法对当代建筑创作提供了启发，在更高层面要求的建构和操作上满足了当代建筑的复杂性与包容性，从而形成了很大一部分属于平面和剖面结合的复合产物，形成有别于传统按功能规划的较为单一的创作模式与表达意图。

3.基于内在的技术的形式表达

内在的技术表达作为形式最终生成的支撑，在建筑创作过程中起到重要的作用。在强调节能建设，提倡建筑装配式、一体化设计，关注建筑废物排放对生态环境影响的当下，技术在建筑中的协同作用越来越明显，并且可以通过有效的技术对能源耗散系统进行优化。从剖面入手的节能原理设计可以为后期具体设备安排的再定位做好前期设想。

4.基于全新的功能诠释

当代建筑的室内总体呈现出非均质、复合的风格和空间个性。大众社会活动的丰富和商业等消费需求的快速膨胀，产生了建筑空间的全新职能，逾越自身传统的特性，并实现属性和价值的进化：室内阶梯转化为座椅、幕墙系统架设出绿意等反映了空间与身体的互动。在库哈斯设计的建筑里，剖面的动线呈现出新的特征：动线在空间中交错并置，运动的方向不再只是与剖切的方向平行或垂直，路径融于空间的不自觉中。斜线和曲线的排列加强了斜向空间的深度，且没有任何一个方向是决定性的，但仍然是有重点，有看点的。

5.基于公众认知和社会文化内化的需求

公众的认知水平直接影响着社会的整体素质和价值观，也决定着人们对建筑空间的接受程度和解读程度。建筑发生在人们的观念之中，社会文化等长期以来形成的"不可为"的观念及意识形态，同样给予人们包括设计师以影响。剖面空间的设计可以很好地深入建筑的内部，立体地斟酌适合社区环境和对可视化要求下人们所认同的空间尺度形态的调整与延续。

（二）人为剖面设计方案的推敲与深化

1."表"

为何要提出人为的剖面？何为"人为"？这依然要返回到最原初的那个问题，即何为剖面，剖面与立面的区别在哪里？这里首先论述"表"的问题。传统剖面设计是被动式的，是平面和立面共同生成的结果，并没有自主性，即在剖面设计中没有或鲜有设计师的参与。传统剖面分析也是仅仅基于建筑中某一个或几个剖切点的概括性剖面，较少细化到每一楼层或房间，剖面设计成为一直以来被遗忘的领域。然而结构形态的变形扭曲，材料透明性交叠下的多重语境，流线的复合和混沌等都彰显着当代建筑空间复杂化、空间多维化的趋向，要求我们能够以全面的动态的视角分析建筑的特征和意义，而非仅以某种剖切前景下的类似立面图形予以表达，西方当代建筑实践在剖面化设计中更为突出与激进，并表现在具体作品中。

2."里"

人作为使用者，体验建筑，同时受制于建筑自身的条件与管理。人为的剖面意在创造一种有条件的剖面，这种有条件是以人的需求为立足点的，同时顺应人在建筑中体验交互的行为方式、人们日常的生活习惯、传统的风俗和规矩所养成的意识以及态度。这种剖面空间的创作从一开始便是夹杂着唯一性的，至少是具有针对性的。任何空间最终都不可能完美地解决所有问题，如果对于所谓的通用空间或是公共场所抱有过多的期望，就可能走向对空间职能认识的极端而产生偏差。清楚地说，就是要利用这些限制条件和要素做出针对性的建议。在实际体验中，人们很少以俯瞰的角度观察事物，在建造技术日趋成熟以及人们对于建筑的空间认知逐渐转变的当下，形态、结构或者功能的挑战在很大程度上都可以通过过往经验协调处理，而在设计的思路和模式上应该更加关注具体的（并非抽象的）人群在具体空间中的使用可能，结合前期的具体数据最终做出理性的判断和最优化的设计决策。

立面相较剖面更加注重外部空间界面的效果及建筑体量特征的界定，而剖面则更加关注建筑内部各部分空间的结构与关系。立面在现实状态下是透视状态下的立面场景，加之近几年对于外表皮研究的增加，建筑外立面的整体性与不同朝向的连贯性得以强调与优化；同样由于幕墙界面的大规模运用，建筑内部结构与外部表皮的分离导致了设计模式的调整，进而让剖面空间的行为景象呈现出从建筑内剥离外渗的趋势。如SANAA建筑事务所一直以来都在寻求和探索建筑与环境的最大限度融合，运用玻璃和高度纤薄的节点，最大限度地减少人与室内外景观对视的差异，模糊了物理和心理上的边缘感，最终落脚在人们室内的具体行为活动及其交互的景象。建筑立面被淡化了，剖面取代了立面。建筑空间的层次性在透明表皮下得到了更为强烈的剖切呈现，外表对于外环境的反射和吸纳产生了现象化的融合。剖面不再仅仅是建筑室内构件剖切状态下的符号化表达，进而可以表现建筑空间的整体形态并与周边的环境产生微妙对话。

（三）整体剖面设计方案的推敲与深化

传统建筑创作设计总体呈现出较为程式化、独立化，与周边环境不追求主动对话的特征，归根结底，仍然是由技术主导的空间模式所造成的。建筑的总体形制和体块布局也可简化为立方体的简单组合和堆砌，以适应明晰的结构和经济合理的任务书要求。因此，即使是进行有意识的剖面设计或是借助剖面进行前期场地与建筑的分析，也很难实现深度化、细节化的成果表达，一位现代建筑设计人员致力于表达这样的概念，建立一个基座，并在其上设置一系列的水平面。因此，剖面设计长期受到忽视也再正常不过了。

1.可达性

可达性是必要的。空间中的可达性从表象看，大致包括基于视觉的图像信息捕捉和建立在触觉条件下的系列体验。它的存在使得建筑的体验者与建筑界面之间保有空间的质量，始终维持着建筑的解读者对于空间的再认识并最终确立着建筑终究作为人造物的实体存在性。在当代建筑中，距离不定式的空间性格表现得更为彻底和一致。建筑由现代进入当代，实现了时间轴上的进化，同时不断地在适应新时代的需求。马克·第亚尼将其总结为：为克服工业社会或是当代社会之前时代的"工具理性"和"计算主导"的片面性，大众一反常态，越来越追求一种无目的性、不可预料和无法准确预测的抒情价值。体验性空间中真实与虚拟并存，赛博空间中人机交互式的拟态空间为触觉注入了全新的概念，信息的获取和传达不再受距离尺度的限制，时间实现了与空间的巧妙置换。共时性视角下三维的剖透视逐渐成为特别是年青一代建筑师图示意向的首选，信息化浸淫下的建筑与城市空间逐渐受到关注。

2.真实的剖切

整体化剖面设计中"真实的剖切"成为空间中可达性与认知获得感的落脚点。提出真实的剖切于再次思考剖面的含义和剖切的作用。剖面一直以来都不是以静态的成图说明意图的，而应至少是在关联空间范围内的动态关系，剖面可以转化为一系列剖切动作后的区域化影像，避免主观选择性操作产生的遗漏。建筑项目空间的复杂度和对空间创作的要求决定了具体的剖面设计方法与侧重点，例如可以选择建筑内部有特征的行为动线组织动线化的剖切，如此可以连续而完整地记录空间序列影像在行为下的暂留与叠显，亦或是进行"摆脱内部贫困式"的主题强化的剖切。选择性剖切的好处在于能够有效提炼出空间特质，具有高度的相关性和统一性，进而针对其中的具体问题进行解决，也便于进行不同角度的类比，为空间的统一性提供参照。同时，可以有效避免在复杂空间中通过单一的剖切造成的剖面结果表达混乱的现象。事物的运动具有某种重演性，时间的不可逆的绝对性并不排斥其相对意义上的可逆性，空间重演、全息重演等也为空间场景的操作保留了无限的探索前景。实体模型的快速制作与反复推敲以自定义比例检验图示的抽象性，避免绘图的迷惑与随意性，建筑辅助设计也为精细化设计的效率提供了保障，建筑空间真实性的意义得以不断反思。真实的剖切是立足于整体剖面设计基础上的空间操作，是更为行之有效的剖切方法，也是对待建筑空间更为实际的态度。

真实的剖切优化了城市中庞杂的行为景观节点。外部长久以来的设计将逐渐形成与室内空间异位的不确定；同时，建筑室内活动外化的显现依然在不断强调其与城市外部空间界面的融合，进而必然催生出剖面和立面的一体化设计，创造出室内与室外切换和整合下的全新视野。

剖面设计是深度设计的过程。空间的革命、技术的运用、构件的预制等都为当代建筑在创作过程中增添了无限内容和可能，也为相当程度作品的涌现创造了条件，甚至BIM设计中也体现了"剖面深度"的概念和价值，相关学科技术的协同发展同样不断推进并影响着人们对于建筑的解读。剖面设计作为人们长期实践中日趋成熟的设计方式和方法，值得设计师们继续为其内涵和外延做出探索。

三、完善立面设计

随着社会主义市场经济的快速发展，现代化信息技术的不断进步，一定程度上推动了我国园林建筑业的发展，并呈现出逐步增长的趋势。尤其是在最近一段时间，我国园林建筑的立面设计也得到广泛发展和应用，其作为建筑风格的核心构成要素，会直接和外部环境产生密切的联系，而且还加深了人们对建筑风格的认识。

伴随国民经济与科学技术的迅猛发展，我国建筑立面设计迎来发展的高峰时期。可随着城市化进程不断加快，物质文化水平的普遍提高，人们也开始对建筑设计提出更严格的要求。它主要是指人们对建筑表面展开的设计，而对应的施工单位就可依照设计要求来进行施工，其目的就是美化建筑，同时起到防护的作用。

（一）建筑立面设计方案的推敲与深化

1.立面设计的科学性

在大数据时代下，由于经济社会发生巨大改变，人们不自觉地对居住环境提出更高的要求，在满足居住安全的同时，还要求住得舒适。其主要原因就是社会大众的审美观念得到进一步提升，为适应新的设计需求，就必须设计出新颖的作品，但设计的作品又不允许太过花哨，怕其破坏建筑立面的设计效果。现在部分区域为满足市场要求，会在立面上安装空调，或者其他物品，导致设计的整体性被破坏，最重要的是，还导致立面设计无法发挥其根本作用。

2.建筑立面设计的时效性

不管是哪一种建筑物，在进行建筑时都不能忽略其使用寿命，尤其是当今时代的立面设计，更不能偏离该角度来展开设计。而且在设计建筑平面时，必须做到合理有效，这就需要从当地区域的环境因素着手，并以经济效益作为基础，以展现时代文化作为立面设计的核心内容，使其建筑立面的设计可以与自然环境、社会环境以及人文环境保持一致，这样一来，就会有意想不到的效果。当然，为提高建筑立面的耐用性，设计师必须运用质量好的施工材料，同时制定出独具特色的设计方案。例如，人们喜欢夏天住在凉爽的地方，相反，在冬天就喜欢住在暖和的室内。依据上述情况，就可选取一些高质量的材料进行设计，以便起到调节温度的作用。

（二）新时代背景下建筑立面设计方案的推敲与深化

1.建筑立面设计与社会需求方案的结合

当今时代，当人们在观察多种多样的工程时，最先展现在人们眼前的就属建筑外立面，尽管传统的设计更趋向于古典，但其设计方案却比较简单，只是单方面从颜色与结构上对其展开设计，根本无法真正发挥其重要作用。也就是说，建筑立面设计必须顺应时代发展潮流，并不断对外立面设计展开创新，使其更符合社会发展要求。再加上经济全球化，各施工单位为满足经济利益的发展要求，就必须适应当今时代的发展要求，设计出一系列优秀的建筑作品。当然，最吸引人们眼球的就是建筑物的外观，只有将其和实际要求结合在一起，并尽最大努力去满足这一基本要求，才能在激烈的市场竞争中获取优势，满足市场发展的基本要求，而且还可以满足节能环保这一基本要求。当在进行设计时，必须自始至终把握好时代发展内涵，不断在创新过程中谋发展，以便更好地将节能环保理念融入设计过程中，使其可以完美展现设计作品。当制定设计方案时，就需要在新的设计环境中展现其创新思想。

2.建筑立面设计与科学技术方案的结合

随着信息技术的快速发展，我国互联网技术也得到了进一步发展，这表明，以前的设计思想与理念远不能适应时代发展要求。因此，设计师必须事先制定出设计方案，并同时将所有成功的案例和时代结合在一起，便于不断对外立面设计进行创新。尤其是在新时代背景下，更有必要设计出多样化的作品。在高质量施工材料被研发出来以及人才大幅度增加的基础上，这可以为时代的发展奠定物质基础，除此之外，计算机技术的广泛运用也能为建筑设计提供新的手段，这样一来，就更加有助于设计师设计出更好的作品。

（三）建筑细部设计方案的推敲与深化

1.形式与内容统一

建筑可以给人们提供好的居住环境，其实建筑给人的美观感受跟设计师的建筑理念是有关系的，在对建筑的外观进行设计的时候需要建筑设计师以美观为主。建筑的设计考验一个人的细心程度，建筑师想要从艺术方面出发，找到建筑设计中可以突出艺术感的东西，然后再进行设计。但是从艺术方面出发的概念并不是全部都以艺术为主，为主的应该是建筑，如设计一个圆形的房子，如果只有圆形这个元素，那么其很难成为一个建筑，因为连建立在地上的部分都没有，就不能称为建筑，虽然有美观的成分，但是却没有实用的成分。这个跟细部设计其实是有关系的，主要建筑除了艺术形式外，最重要的就是细部设计了，细部设计相当于结构，而建筑物本身的艺术性相当于内容，建筑物要保证的特点就是结构与内容统一，这样建出来的东西才会实用。以一栋建筑物为例，一栋建筑物中的房子类型其实应该是差不多的，至少结构差别不大，总体内容也差不多，这两者都应维持相互统一的状态。

2.部分与整体结合

整体指的是建筑物本身，建筑物本身需要保证它的整体性。整体性当中包含了特别多的部分，部分也就是建筑的细部设计，建筑的细部设计是充满艺术语言的部分，这些部分同时也构成了完整的建筑个体。建筑物当中整体的框架结构跟细部的细节处理其实是分不开的，两者只有在一起的时候才能凸显建筑物的美观性，所以有的人只注重建筑的总体形象，不注重建筑的细节处理，相反而有的人只注重建筑的细节处理，却不注重建筑的总体形象，这都是建筑业中的大忌。如果这样，就不能保证部分与整体相结合，这就容易造成建筑的结构松散，居住效果也就会大打折扣。

3.细部设计

（1）秩序：一般在进行细部设计的时候，都会在其中添加很多个点，这些标记的点都是为了让建筑物的结构更加稳固，至少在视觉上，该建筑物的样子是凝固在一起并且是特别有力量的；线和点的作用也如出一辙，都是为了更好地凸显出该建筑物的风格，使其更有立体感；与此同时，加上面的参与，就让建筑设计不再只是单纯的平面设计，而成为了三维设计，让面充当建筑的一部分然后进行设计的优点是可让建筑师有身临其境的感觉，在设计建筑物的时候就会更有想法。点线面是建筑设计中的三要素，如果要考虑细部设计，要想以此体现出建筑的精致，那么合理和充分运用点线面是最好的办法，并且运用点线面还能够保证细部设计的秩序，这是建筑物细部设计工作中最重要的，如果仅仅有了要求却不去执行，那么是绝对没有任何帮助的，要靠对建筑细部进行设计来凸显外观的精致。

（2）比例：高层建筑的建造设计工作中，建筑物的比例是建筑物在建设过程中最应该去考虑的问题，很多出色的工程师设计建筑物比例时会发现比例大概决定了这个建筑物的发展，因为比例是建筑物的灵魂，支撑着整个建筑物的骨架。建筑物最核心的部分就是骨架，如果没有对建筑物的基层进行加固，没有对钢筋框架进行加固，那么建筑物就存在倒塌的风险。如果建筑物一旦倒塌，那么所有的工作也就功亏一篑，得不偿失。所以在设计建筑时，应把建筑比例和建筑细节的设计放在首位，这样才能更好地建造出一个安全的建筑物，给人们提供好的居住环境。

（3）尺度：如果建筑师本身十分在意尺度这个问题，并且能够根据这个尺度来进行房屋的建设，那么最后建造出来的建筑物就能给人们带来好的生活体验，同时也促进建筑业的发展。建筑师在进行发展的时候要看重建筑尺度的重要性，然后不断进行尺度的测量研发，提出更多的细节设计方案，才能够让建筑物在细节方面略胜一筹。

第四节　方案设计的表达

设计是建筑中的重要环节。如果一个建筑在设计阶段的方向错误，将影响到后续所有工作。建筑设计并非是只需要建筑师个人的作业，也不是投资的开发者的作业，而是由设计师和投资的开发者合力推动的团队作业。在整个建筑设计的进程中，设计师需定期跟主办方会面，向对方诠释阶段性设计内容，双方进行讨论研商并且根据双方达成的共识对设计内容和方向进行调整。

一、二维和三维演示媒体

在提出设计方案的时候，设计者需要对设计内容做清晰描述，让对方能够清楚设计方向和设计内容，选用的传达媒介要避免对方对设计内容产生认知偏差。以往建筑师只能用传统的二维图纸作为表达媒介物。这种平立剖面建筑图是一种符号化的图面，在建筑专业人员之间沟通无碍，而对于未曾受过建筑专业教育的投资方和普通民众而言，要从这种投影式的图里理解三维空间具体的形象信息却有些难度，也会造成双方对设计内容的认知偏差，间接影响到双方沟通和信息回馈。

电脑提供了多种建筑设计的用于演示的媒体，让人们可以从二维或三维两种演示形态中选择不同的媒体来描述建筑空间。所谓"二维媒体"指的是用轴向投影表述建筑空间，包括传统的平立剖面建筑图，适用于建筑专业人员间的沟通。所谓"三维媒体"则直观地描述三维空间建筑形体的信息，包括三维空间建筑实体、虚拟的三维空间视景、动态模拟演示三维空间，以及通过虚拟技术让观众进入虚拟的建筑空间感受设计的具体内容。

传统的三维表述方式是缩小制作比例的实体建筑模型或画出建筑透视图。实体模型受限于比例尺和制作技术，无法充分体现建筑物的细节，适用于建筑体量表述或评估，加上只能从鸟瞰角度观察模型，难以从我们习惯的视觉角度来诠释建筑空间。因此在电脑如此普及的今天，对于三维表述方式我们可以有更好的选择。

二、建筑透视图

建筑透视图能够让人从仰视或俯视视角模拟观察建筑物，弥补了实体模型只能从高角度观察的缺点。透视图可以清晰地表现建筑设计的细节和光影，能让人们以"视觉印象再现"的方法认识到某个方位的建筑空间的形象。

昔日，受限于计算机渲染软件的专业性以及计算机硬件价格过高，对于这种拟真程度比较高的建筑透视图，大部分设计公司都只能委托专业透视图公司代为制作，在时间上和金钱上花费较多。因此建筑透视图大都只用在建筑设计完成后的正式发布上，并且通常只提供少数几张透视图，展现的是几个特定方位的建筑空间形象，透视图未能展现的部分则需由人们自行揣摩和想象。

只用少数几张透视图来发布设计方案，从建筑设计表达的角度来看，其完整性是远远不够的。由于这种透视图多半用于商业广告范畴，在后期影像制作过程中，周围环境经常被制作者有意无意地过度美化，甚至为了观影效果改变太阳光影的方位，致使透视图在建筑表现上有些脱离实际。这都导致留下太多凭借想象的灰色地带，很容易使人产生错误认知。

三、从草图大师绘图软件中输出场景影像

有两种方式可以从草图大师绘图软件中输出建筑模型的场景影像，一种方式是直接把模型的场景输出成影像，另一种方式是对场景进行渲染并将其输出成"拟真影像（Realistic Image）"。两种方式输出的影像画面表现有些差别，适合应用的场合和产生的效益也有些不同。

从草图大师绘图软件中直接输出的影像，由于沿用草图大师绘图软件中包含物体边线轮廓的显示模式，与真实世界里看不到物体边线的视觉印象有些不同。而且草图大师绘图软件中目前版本尚不具备光迹追踪（Raytrace）或交互反射（Radiosity）等典型渲染功能，除了单一的太阳光源之外也没有人造光源（Artificial light）功能，输出的影像无法显现物体光滑表面的反射效果以及光线交互反射呈现的渐层光影。有些看惯了渲染器渲染影像的人感觉不习惯，因而质疑草图大师绘图软件的可用性。其实这是一种因为认识上清晰而产生的逻辑性错误，我们使用草图大师绘图软件的目的是把它用作强有力的设计工具进行建筑设计，并非利用它去构建模型和制作建筑透视图。

运用草图大师绘图软件在虚拟的三维空间里构筑建筑模型，不论在设计过程中或设计完成后，随时可以通过这个模型快速输出各种角度和范围的影像，也可以输出不同表现风格的影像，比相机还要好用。这是草图大师绘图软件最大的魅力之一，让人们可以有机会凭借熟悉的视觉印象去描绘建筑空间。

真实世界中建筑物的墙面、地面和其他表面上都嵌装着饰面材料，这些饰面材料的材质和颜色是建筑设计中不可或缺的一部分。如果设计师在设计过程中不考虑面饰材料，或只凭借经验或臆测来指定材料，那是不负责任的做法。要知道室外自然光线会随着季节或时间的变化而改变，在不同天气的自然光线映照下，建筑物的表面呈现的色彩和质感绝对不会和样品相同。

第三章 绿色建筑的设计

第一节 绿色建筑设计理念

随着时代和科学技术的快速发展，低碳环保理念的逐渐深化，促使人们共同维护生态环境。建筑业作为国民经济的重要支柱产业，将绿色理念融入建筑设计中能够影响人们的生活方式，进而推进人与自然环境和谐相处的进程。本节主要对建筑设计中的绿色建筑设计理念的运用进行分析，阐述绿色建筑在实际设计中的具体应用。

绿色建筑设计是针对当今环境形势所产生的一种新型设计理念，强调可持续发展和节能环保，以保护环境和节约资源为目的，是当今建筑业发展的重要趋势。在建筑设计中，建筑师必须结合人们对环境质量的需求，考虑建筑的生命周期进行设计，从而实现人文、建筑以及科学技术的和谐统一。

一、绿色建筑设计理念

绿色建筑设计理念的兴起源于人们环保意识的不断增强，其在绿色建筑设计理念的运用过程中主要体现在以下三个方面。

建筑材料的选择。相较于传统建筑设计理念，绿色建筑设计在材料的选择上采用节能环保材料，这些建筑材料在生产、运输及使用过程中都是对环境较为友好的。

节能技术的使用。在建筑设计中节能技术主要运用在通风、采光及采暖等方面，在通风系统中引入智能风量控制系统以减少送风的总能源消耗；在采光系统中运用光感控制技术，自动调节室内亮度，减少照明带来的能源消耗；在采暖系统中引入智能化控制系统，智能调节建筑内部的温度。

施工技术的应用。绿色设计理念的运用提高了工厂预制率，减少了湿作业，提高了工作效率，提高了项目的完成度的百分比。

二、绿色建筑设计理念的实际运用

平面布局的合理性。在建筑方案设计过程中，首先要考虑建筑平面布局的合理性，这会直接影响使用者的体验，在住宅的平面布局中比较重要的是采光，故而应合理规划布局，提高建筑对自然光的利用率，减少室内照明灯具的使用次数，降低电力能源消耗。好的采光设计可以增加阳光照射，充分利用好阳光照射进行杀菌、防潮的功效。在进行平面布局时应该遵循以下几项原则：设计当中要严格把握并控制建筑的体形系数，分析建筑散热面积与体形系数间的关系，在符合相关标准的基础上尽量增大建筑采光面积；在进行建筑朝向设计时，应充分考虑朝向的主导作用，使得室内既能接受更多的自然光照射，又能减少太阳光的直线照射。

门窗节能设计。在建筑工程中，门窗是节能的重点，是采光和通风的重要介质，在具体的设计中需要与实际情况相结合，科学合理地设计，合理选用门窗材料，严格控制门窗面积，以此减少热能损失。在进行门窗设计时，需要结合所处地区的四季变化情况与采暖设备进行适当调节，减少能源消耗。

墙体节能设计。在建筑业迅猛发展的背景下，各种新型墙体材料层出不穷，在进行选择时，需要在满足建筑节能设计指标的原则下合理选用墙体材料。例如加气混凝土材料等多孔材料具有更好的热惰性，可以用来增强墙体隔热效果，减少建筑热能扩散，达到节约能源、降低能耗的目的。在进行墙体设计时，可以铺设隔热板，增强墙体隔热保温性能，实现节能减排的目的。目前隔热板的种类和规格比较多，通过合理选择，隔热板不仅可以提升外墙结构的美观度，而且提高建筑的整体观赏价值，满足人民生活和城市建设的需求。

单体外立面设计。单体外立面是建筑设计中的重点，也是绿色建筑设计的重要环节，在开展该项工作时要与所处区域的气候特征相结合，选用适合的立面形式和施工材料。由于我国南北气候差异较大，在进行建筑单体外立面设计时，要对南北方的气候特征、热工设计分区、节能设计要求进行具体分析，科学合理地规划。对于北方建筑的单体立面设计，要严格控制建筑物体形系数、窗墙比等规定性指标。因为北方地区冬季温度很低，还需要考虑室内保温问题，在进行外墙和外窗设计时务必加强保温隔热处理，减少热力能源流失，保障室内空间的舒适度。对于南方建筑的单体立面设计，因为夏季温度高，故而需要科学合理地规划通风结构，应用自然风，大大降低室内空调系统的使用率，降低能耗。在进行单体外墙面设计时要尽量通过搭配装修材料的材质和颜色等，不仅提升建筑美观度，还削弱外墙的热传导，达到节能减排的目的。

选择环保的建筑材料。在我国，绿色建筑设计理念与可持续发展战略相一致，所以，在建筑设计的时候，要充分利用各种各样的环保建筑材料，实现材料的循环利用，降低能源消耗，达到节约资源的目的。全国范围内都在响应绿色建筑设计及可持续发展号召，建材市场上新型环保材料如不胜数，给建筑师提供了更多可选的节能环保材料。作为一名建筑设计师，要时刻遵循绿色设计理念、以追求绿色环保为目标，以实现绿色可持续发展为己任，持续为我国建设可持续发展的绿色建筑做出贡献。

充分利用太阳能。太阳能是一种无污染的绿色能源，是地球上取之不尽用之不竭的能量来源，所以，在进行建筑设计时，首要考虑的便是如何有效利用太阳能替代其他传统能源，以此大大降低其他不可再生资源的消耗。鼓励利用太阳能，是我国在节约能源方面的政策鼓励。太阳能技术是将太阳能转换成热能、电能，并供生产生活使用。建筑物可在屋顶设置光伏板组件，利用太阳的光能和热能，产生直流电；或是利用太阳能加热产生热能。除此之外，设计师应该合理运用被动采暖设计原理，充分利用寒冷冬季太阳的辐射和直射能量，降低室内空间的各种能源消耗。例如设置较大的南向窗户或使用能吸收并缓慢释放太阳能的建筑材料。

构建水资源循环利用系统。水资源作为人类生存和发展的重要能源，要想实现可持续发展，有效践行绿色建筑理念，首先必须实现对水资源的节约与循环利用。在建筑设计中，设计师需要在确保生活用水质量的基础上，构建一系列的水资源循环利用系统，做好生活中污水的处理工作，即借助相关系统使生活生产污水经过处理以后，满足相关标准，使用于冲厕、绿化灌溉等方面，从而极大地提高水资源的二次利用率。在规划利用生态景观中的水资源时，设计师应严格依据整体性原则、循环利用原则、可持续原则，将防止水资源污染和节约水资源当作目标，并从城市设计的角度做好"海绵城市"规划设计，做好雨水收集工作，借助相应系统处理收集到的雨水，作为生态景观用水，形成良好的生态循环系统。在建筑装修设计中，应选用节水型的供水设备，减少使用消耗大的设施，一定情况下可大量运用直饮水系统，既确保优质水的供应，又达到节约水资源的目的。

综上所述，在绿色建筑理念的倡导下，绿色建筑设计概念已成为建筑设计的基础。市场上从建筑材料到建筑设备都体现着绿色可持续的设计理念、支持着绿色建筑的发展，促使我国建筑业朝着绿色、可持续的方向不断前进。

第二节　我国绿色建筑设计的特点

如何让资源变得可持续利用，是当前亟待解决的一个问题。随着社会不断发展，人类所面临的形势越来越严峻，人口基数越来越大，资源消耗严重，生态环境越来越恶劣。面对如此严峻的形势，加速城市建筑的绿色节能化转变就变得越来越重要。建筑业随着经济社会的发展也在不断发展，建筑领域中对于实现可持续发展，维持生态平衡的问题也越来越关注，努力使经济建设符合绿色的基本要求。因此，绿色建筑理念的有效推广成为亟待解决的问题。

一、绿色建筑概念界定

绿色建筑指的是在建筑的全寿命周期内，最大限度地节约资源、保护环境、减少污染，为人们提供健康、适宜和高效的使用空间，成为与自然和谐共生的建筑。

发展绿色建筑对中国来说有着非常重要的意义。当前，我国的低能耗建筑标准规范还需进一步完善，国内绿色建筑设计水平还有待于提高。

伴随着绿色建筑的社会关注度不断提升，绿色建筑必将成为建筑常态，按照住房和城乡建设部给出的绿色建筑定义，可以理解绿色建筑为一定要表现在建筑全寿命周期内的所有时段，包括建筑规划设计、材料生产加工、材料运输和保存、建筑施工安装、建筑运营、建筑荒废处理与利用等各个方面，每一环节都需要满足节约资源的原则，绿色建筑必须是环境友好型建筑，不仅要考虑到居住者的健康问题和实际需求，还必须和自然和谐相处。

绿色建筑设计原则。建筑最终要以人为本，希望通过工程建设来建造出用于人们起居和办公的生活空间，让人们各项需求都能够被有效满足。和普通建筑相比，其最终目的并没有改变，只是在原有功能的基础上，提出要注重资源的使用效率，要在建筑建设和使用过程中做到物尽其用，维护生态平衡，因地制宜地搞好房屋建设。

健康舒适原则。绿色建筑首先就要健康舒适，要充分体现出建筑设计的人性化，从本质上表现出对使用者的关心，以使用者需求为根本来进行房屋建筑设计，让人们可以拥有健康舒适的生活环境与工作环境，具体表现在建材无公害、通风调节优良、采光充足等方面。

简单高效原则。绿色建筑必须充分考虑到经济效益，保证能源和资金的最低消耗率。绿色建筑在设计过程中，要秉持简单节约原则，比如说在进行门窗位置设计的过程中，必须尽可能满足各类室内布置的要求，最大限度避免室内布置出现过大改动。在选取能源的过程中，应该充分结合当地气候条件和自然资源，尽量选择可再生资源。

整体优化原则。建筑作为区域环境的重要组成部分，其必须同周围环境和谐统一。绿色建筑设计的最终目标为实现环境效益的最大化。建筑设计的重点在于对建筑和周围生态平衡的规划，让建筑可以遵循社会与自然环境相统一的原则，优化配置各项因素，实现整体统一。

二、绿色建筑的设计特点和发展趋势探析

节地设计。作为开放体系，建筑必须因地制宜，充分利用当地自然采光，降低能源消耗，减轻环境污染程度。绿色建筑在设计过程中一定要充分收集、分析当地居民资料，根据当地居民生活习惯来设计建筑项目，做好周围环境的空间布局，让人们拥有舒适、健康、安全的生活环境。

节能节材设计。倡导绿色建筑，要在建材行业中落实绿色建筑理念，积极推进建筑生产和建材产品的绿色化进程。设计师在进行施工设计的过程中，应最大限度地保证建筑造型要素简约，避免装饰性构件过多；要保证建筑室内所使用的隔断的灵活性，减少重新装修过程中的材料浪费情况和垃圾数量；尽量采取能耗低和影响环境程度较小的建筑结构体系；应用建筑结构材料的时候要尽量选取高性能绿色建筑材料。当前，我国通过工业残渣制作出来的高性能水泥与通过废橡胶制作出来的橡胶混凝土均为新型绿色建筑材料，设计师在设计的过程中应尽量选取、应用这些新型材料。

水资源节约。绿色建筑进行水资源节约设计的时候，首先，要大力提倡节水型器具的

采用；其次，在适宜范围内利用技术经济的对比，科学地收集利用雨水和污水，进行循环利用；还要注意在绿色建筑中应用中水和下水处理系统，用经过处理的中水和下水来冲洗道路、汽车，或者作为景观绿化用水。根据我国当前绿色建筑评价标准，商场建筑和办公楼建筑方面，非传统水资源利用率应该超过20%，在旅馆类建筑中则应超过15%。

绿色建筑在发展过程中不应局限于某个建筑之上，设计师应从大局出发，立足城市整体规划进行统筹安排。绿色建筑属于系统性工程，会涉及很多领域，例如污水处理问题。这不只是建筑专业范围需要考虑的问题，还需要与其他专业的配合来解决污水处理问题，就设计目标来说，绿色建筑在符合功能需求和空间需求的基础上，还应重视资源利用率的提升和污染程度的降低。设计师在设计过程中需要秉持绿色建筑的基本原则，尊重自然，强调建筑与自然的和谐，要注重对当地生态环境的保护，增强自然环境保护意识，让人们的行为和自然环境发展相互进步。

三、我国绿色建筑设计的必要性

建筑总能耗分为两种，一种是生产能耗，另一种是建筑能耗，我国30%的能耗总能量为建筑总能耗，其中，建材生产能耗量高达12.48%。在建筑能耗中，围护结构材料并不具备良好的保温性能，保温技术相对滞后，传热耗能达到了75%左右，无形中增加了环境成本。所以，大力发展绿色建筑已经成为必然的趋势。

绿色建筑设计可以不断提升资源的利用率。从建筑业长久的发展来看，在建设建筑项目过程中会对资源产生大量的消耗。我国土地虽然广阔，但是因为人口众多，很多社会资源都较为稀缺。建筑业想要在这样的环境里实现稳定可持续发展，就要把绿色建筑设计理念的实际应用作为工作的重点，结合人们的住房需求，应用最合理的办法，减少建筑建设造成的资源消耗，缓解在社会发展中所呈现出的资源稀缺的问题。

例如可以结合区域气候特点设计低能耗建筑；通过就地取材降低运输成本，选用多样化节能墙体材料来提升室内保温节能功能，应用太阳能、水能等可再生能源降低生活热源成本，循环使用建筑材料降低建筑成本等。

绿色建筑很大程度上扩大了建筑材料的可选范围。绿色建筑的发展让很多新型建筑材料和制成品有了用武之地，进一步淘汰了工艺技术相对落后的产品。例如随着建筑业对多样化新型墙体保温材料要求的不断提高，GRC板等新型建筑材料层出不穷，一些高耗能、高成本的建筑材料渐渐被淘汰。

作为深度学习在计算机视觉应用领域的关键技术，卷积神经网络是通过仿生结构来模拟大脑皮层的人工神经网络，实现多层网络结构的训练学习。同传统的图像处理算法相比较，卷积神经网络可以利用局部感受，获得自主学习能力，从而应对大规模图像处理数据，同时权值共享和池化函数设计减少了图像特征点的维数，降低了参数调整的复杂度，稀疏连接提高了网络结构的稳定性，最终产生了用于分类的高级语义特征，因此被广泛应用于目标检测、图像分类领域。

在信息技术快速发展的背景下，科学技术手段不断应用于社会各个领域。同样，在建筑业中，也出现了很多绿色建筑的设计理念和相关技术，从根本上降低了资源浪费情况，进一步提升了建筑工程的质量水平。除此之外，随着科学技术的不断发展，与过去的建筑设计相比，当前建筑设计的工作在经济、能源以及环保等方面都有着很大的突破，给建筑工程质量的提升打下了良好的基础。

伴随着生产生活对能源的不断消耗，我国能源短缺问题已经变得越来越严重，社会经济的不断发展，让人们已经不再满足于最基本的生活需求，人们的生活质量正在逐步提升，希望能够有一个健康舒适的生活环境。在种种因素的影响下，大力发展绿色建筑已经成为我国建筑业发展的必然趋势。绿色建筑发展不仅仅是我国可持续发展对建筑业发展提出来的必然要求，也是人们对生活质量和工作环境提升的基本诉求。

第三节　绿色建筑方案的设计思路

受社会发展的影响，绿色设计在我国建筑设计行业越来越受重视，已经成为建筑设计中非常重要的内容。建筑设计会慢慢地向绿色建筑设计靠拢，绿色建筑为人们提供了舒适、健康的生活环境，通过将节能、环保、低碳意识融入建筑中，实现了自然与社会的和谐共生。现在我国建筑业对绿色建筑设计的重视程度非常高，对建筑业来说，绿色建筑设计理念的提出既是一个全新的发展机遇，同时又面临着一个严峻的挑战。本节分析了绿色建筑设计思路在设计中的应用，探讨了绿色建筑设计理念与设计原则，提出了绿色建筑设计的具体应用方案。

近年来我国经济发展迅速，只是这样的发展，有时是以环境牺牲作为代价的。目前，环保问题成了整个社会所关注的热点，如何在提高生活水平的同时保护各类资源和降低污染就成了重点问题。尤其是对于建筑业来说，资源消耗较大，在整个建筑施工的过程中会造成大量的资源消耗。建筑业所需要的各种材料，往往也是消耗能源来制造的，制造的过程也会造成很多污染，比如钢铁制造业对于大气的污染，油漆制造对于水源的污染等。为了减少各种污染所造成的损害，绿色建筑体系应运而生，也就是说，在整个建筑物建设过程中要以环保为中心，多采用降低污染控制的建造方法。绿色建筑体系，对于整个生态环境的可持续发展具有重要的意义。除此之外，所谓的绿色建筑并不仅仅指建筑，要求建筑的环境也应处于一个绿色环保的，可以给居住其中的居民一个更为舒适的绿色生态环境。

一、绿色建筑设计思路和现状

据不完全数据显示，建筑施工过程中产生的污染物质种类涵盖了固体、液体和气体三种状态，资源消耗上也包括了化工材料、水资源等物质，垃圾总量可以达到全球垃圾年均总量的 40% 左右，由此可以发现发展绿色建筑设计的重要性。简单来说，绿色建筑设计思路包括节约能源、节约资源、回归自然等设计理念，以人的需求为核心，通过对建筑工程的合理设计，最大限度地降低污染和能源的消耗，实现环境和建筑的协调统一。设计的环节需要根据不同的气候、区域环境有针对性地进行，综合建筑室内外环境、健康舒适性、安全可靠性、自然和谐性以及用水规划与供排水系统等因素合理设计。

绿色建筑设计在我国的应用受诸多因素的影响，还存在不少的问题，发展现状不容乐观。尽管近些年建筑业在国家建设生态环保型社会的要求下，进一步扩大了绿色建筑设计的建筑范围，但仍处于起步阶段，相关的建筑规范和要求仍然存在短板、不合理等问题，影响了绿色建筑设计的实际效果；相较于传统建筑施工，绿色建筑设计对操作工艺和经济成本的要求也更高，部分建设单位因成本等因素对绿色设计思路的应用兴趣不大；绿色建筑设计需要设计师具备较高的建筑设计能力，并在此基础上将生态环保理念融合到设计中，但目前我国实际的设计情况明显与预想不符，导致绿色建筑设计理念只流于形式，并未得到完全落实。

二、建筑设计中应用绿色设计思路的措施

绿色建筑材料设计。绿色建筑设计中，材料的选择和设计是首要环节，在这一阶段，绿色设计思路主要是从绿色选择和循环利用设计两个方面出发。

绿色建筑材料的选择。建筑工程中，前期的设计方案除了会根据施工现场绘制图纸外，也会结合建筑类型事先罗列出工程建设中所需的建筑材料，以供采购部门参考。传统的建筑施工"重施工，轻设计"的观念导致材料选购清单的整理上存在较大的问题，材料、设备过多或紧缺的现象时有发生。所以，绿色建筑设计思路首先要考虑到材料选购的环节，应以环保节能为设计清单核心。综合考虑经济成本和生态效益，将建筑资金合理分配到材料的选购上，可以把国家标准绿色建材参数和市面上的材料数据填写到统一的购物清单中，提高材料选择的多样性。为了避免出现材料份额不当的问题，设计师要根据工程需求，设定合理数值范围，避免闲置和浪费。

循环材料设计。绿色建筑施工需要使用的材料种类和数量都较多，一旦管理的力度和范围有缺失就会导致资源的浪费，必须做好材料的循环使用设计方案。对于大部分的建筑工程而言，多数的材料都只使用了一次便无法再次利用，而且使用的塑料材质不容易降解，对环境造成了严重污染。相较而言，在绿色建筑施工管理的要求下，可以先将废弃材料分类，一般情况下，建材垃圾的种类有碎砌砖、砂浆、混凝土、桩头、包装材料以及屋面材料等，设计方案中可以给出不同材料的循环方法，如碎砖的再利用设计就可以考虑将其做

脚线、阳台、花台、花园的补充铺垫或者重新将其进行制造，变成再生砖和砌块。

顶部设计。高层建筑的顶部设计在设计过程当中占据着非常重要的地位，独特的顶部设计能够增强建筑物整体设计的新鲜感，凸显自身的独特性，更好地与其他建筑设计相区分。比如说可以将建筑设计的顶部设计成蓝色天空的样子，晚上又变成明亮的灯塔，给人眼前一亮的感觉。但是，并不可以单纯为了博得大家的关注而使用过多的建筑材料，造成资源浪费，顶部设计的独特性应该建立在节约能源资源的基础上，以绿色设计为基础。

外墙保温系统设计。外墙自保温设计需要注意的是抹灰砂浆的配置要保证节能，尤其是抗裂性质的泥浆对于保证外保温系统的环保十分关键。为了保证砂浆维持在一个稳定的水平线以内，要在砂浆设计的过程中严格按照绿色节能标准，合理确定乳胶粉和纤维元素比例，保证砂浆对保温系统的作用。

绿色建筑不光指民用可持续发展建筑、生态建筑、回归大自然建筑、节能环保建筑等，工业建筑方面也要重视绿色、环保的设计，以减少对环境的影响。

如定州雁翎羽绒制品工业园区，就充分考虑到绿色环保的重要性，采用工业污水处理与零排放技术，在节能环保方面成效斐然，规模及影响力在全国羽绒制品行业也是首屈一指。

该工业园区区位优势明显、交通便捷通畅、生态环境优良、环境承载能力较强，现有开发程度较低，发展空间充裕，具备高起点高标准开发建设的基本条件。为响应国家千年发展之大计，这里建成了羽绒行业中最大的污水处理厂，工艺流程完善，做到了污水多级回收和重复利用，节能率最高，工艺设备最先进，池体结构复杂，整体结构控制难度大，嵌套式水池分布，土结构地下深度大，且为多层结构，利用率充分，设计难度大。

整个厂区的水循环系统为多点回用，污水处理有预处理、生化、深度生化处理、过滤，后续配备超滤反渗透、蒸发脱盐系统，是国内第一家真正实现生产污水零排放的羽绒企业。

简而言之，在建筑设计中应用绿色设计思路是非常有必要的，绿色建筑设计思路被广泛应用，取得了较好的实施效果，对其进一步的研究也是十分必要的。相信在以后的发展过程中，建筑设计中会加入更多的绿色设计思路，建筑绿色型建筑，为人们创建舒适的生活居住环境。

第四节　绿色建筑的设计及其实现

本节首先分析了绿色环境保护节能建筑设计的重要意义，随后介绍了绿色建筑初步策划、绿色建筑整体设计、绿色材料与资源的选择、绿色建筑建设施工等内容，希望能给相关人士提供参考。

随着环境的改变，绿色节能设计理念应运而生，这是近年来城市居民生活的直接诉求。在经济不断发展的今天，人们对生活质量的重视程度逐渐提升，这有利于环保节能设计逐渐成为建筑领域未来发展的主流方向。

一、绿色环境保护节能建筑设计的重要意义

绿色建筑拥有建筑物的各种功能，还可以按照环保节能原则实施高端设计，进一步满足人们对于建筑的各项需求。在现代化发展过程中，人们对于节能环保这一理念的接受程度不断提升，建筑业领域想要实现可持续发展，则需要积极融入环保节能设计相关理念。建筑应用期限以及建设质量在一定程度上会被环保节能设计的综合实力所影响，为了进一步提高绿色建筑建设质量，还需要加强相关技术人员的环保设计能力，将环保节能融入建筑设计的各个环节中，以提高建筑整体质量。

二、绿色建筑初步策划

节能建筑设计在进行整体规划的过程中，首先需要考虑环保方面的要求，通过有效的宏观调控手段，确保建筑环保价值、经济价值和商业价值，使三者之间保持良好的平衡状态。在保证建筑工程基础商业价值的同时，提高建筑整体环保价值。通常情况下，建筑物主要采用坐北朝南的结构，这种结构不但能够保证房屋内部拥有充足的光照，还能提高建筑的整体商业价值。实施节能设计的过程中，建筑通风是重点环节，合理的通风设计可以进一步提高房屋通风质量，促进室内空气的正常流通，维持室内空气清新健康，提高对空气和光照等资源的使用效率。在建筑工程中，室内建筑构造为整个工程中的核心内容，通过对建筑室内环境的合理布局，可以充分利用室内空间，加强个体空间与公共空间的有机结合，最大限度地提升建筑的节能环保效果。

三、绿色节能建筑整体设计

空间和外观。通过对空间和外观的合理设计，能够完成生态设计的目标。建筑表面积和覆盖体积之间的比例为建筑体型系数，能够反映建筑空间和外观的设计效果。如果外部环境相对稳定，体型系数能够直接决定建筑的能源消耗，建筑体型系数越大，则建筑单位面积散热效果越强，总体能源消耗就多，因此需要合理控制建筑体型系数。

门窗设计。建筑物外层便是门窗结构，和外部环境中的空气直接接触，空气会顺着门窗的空隙传入室内，改变室温状态，使建筑无法发挥良好的保温隔热效果。在这种情况下，就需要进一步优化门窗设计。窗户在整个墙面中的比例应该维持在适中状态，从而有效控制采暖的消耗。对门窗开关形式进行合理设计，比如推拉式门窗能够防止室内空气对流，在门窗的上层添加嵌入式的遮阳棚，对阳光照射量进行合理调节，可使室内温度维持在一种相对平衡的状态，维持最佳的体感温度。

墙体设计。建筑墙体的功能之一便是使建筑物维持良好的温度状态。环保节能设计的过程中，需要充分利用建筑墙体作用，提升建筑物外墙保温效果，增加外墙混凝土厚度，通过新型的节能材料提升整体保温效果。最新研发出来的保温材料有耐火纤维、膨胀砂浆

和泡沫塑料板等。新兴材料能够进一步减缓户外空气朝室内的传播效果，降低户外温度对室内温度的不良影响，取得良好的保温效果。除此之外，新兴材料还可以有效预防热桥和冷桥磨损建筑物墙体，延长墙体使用期限。最新研发出来的保温材料有耐火纤维、膨胀砂浆和泡沫塑料板等。

四、绿色材料与资源的选择

合理选择建筑材料。材料是环保节能设计中的重要内容，建筑工程结构十分复杂，因此对于材料的消耗也相对较大，尤其是对各种给水材料和装饰材料而言。高质量的装饰材料能够强化建筑环保节能功能，比如使用淡色系的材料进行装饰，不仅可以进一步提高室内空间整体的开阔度和透光效果，还能合理调节室内的光照环境，结合室内采光状态调整光照，以减少电力消耗。排水施工是建筑工程施工中重要的环节，同样需要做好环保设计，尽量选择结实耐用、节能环保、危险系数较低的管材，增加排水管道使用期限，降低管道维修次数，为人们提供更加方便的生活，提升整个排水系统的稳定性与安全性。

利用清洁能源。对清洁能源的应用是指将最新发展出来的能源方面的新科技、新技术广泛应用于建筑领域，受到市场的广泛欢迎。作为环保节能设计中的核心技术，难度较高的有风能技术、地热技术和太阳能技术，其开发出来的都是可再生能源，永远不会枯竭。将相关尖端技术有效融入建筑领域中，可以为环保节能设计锦上添花。现代建筑对太阳能的应用逐渐扩大，人们可以通过太阳能直接发电与取暖，成为现代环保节能设计中的重要能源渠道。社会的发展离不开能源，而随着发展速度的不断加快，能源消耗也逐渐增加，清洁能源的有效利用可以缓解能源压力，清洁能源不会造成二次污染，进而满足人们的绿色生活需求。当下建筑领域中的清洁光源以自然光源为主，能够有效减轻视觉压力，为此在设计过程中需要提升自然光的利用率，利用光线衍射、反射与折射现象，合理利用光源。太阳能供电因为需要投入大量资金进行基础设施建设，在一定程度上阻碍了太阳能技术的推广。风能的应用则十分灵活，包括机械能、热能和电能等，都可以由风能转化并进行储存，从这个角度来看风能比太阳能拥有更为广阔的开发前景。绿色节能技术的发展能够在建筑领域中发挥更大的作用。

五、绿色建筑建设施工技术

地源热泵技术。地源热泵技术常用于解决建筑物中的供热和制冷难题，能够获得良好的节能效果。和空气热泵技术相比，地源热泵技术在实践操作过程中不会对生态环境造成太大的影响，只会对周围部分土壤的温度造成一定影响，而对于水质和水位没有太大影响，因此可以说地源热泵拥有良好的环保特性。地下管线的应用性能容易受外界温度影响，在热量吸收与排放相互抵消的条件下，地源热泵能够达到最佳的应用状态。我国南北方存在巨大温差，为此地下管线的养护需要使用不同的处理措施。北方可以通过增设辅助供热系统的方式，分散地源热泵的运行压力，提高系统运行的稳定性；南方地区则可以通过建设冷却塔的方法分散地源热泵的工作负担，延长地源热泵应用期限。

蓄冷系统。通过对蓄冷系统的优化设计，可以控制送风温度，减少系统的运行能耗。因为夜晚的温度通常都比较低。方便在降低系统能耗的基础上有效储存冷气，在电量消耗相对较大的情况下有效储存冷气，在电力消耗较大的情况下，协助系统将冷气自动排送出去，结束供冷工作，减少电力消耗。相同条件下，储存冰的冷器量远远大于水的冷气量，冰所占的储冷容积也相对较小，热量损失较低，因此能够有效降低能量消耗。

自然通风。自然通风可以促进室内空气的快速流动，实现室内外空气的顺畅交换，维持室内新鲜的空气状态，满足人们对舒适度要求的同时不会额外消耗能源，降低污染物产量，在零能耗的条件下，使室内的空气达到一种良好的状态。在这种理念的启发下，绿色空调暖通的设计理念应运而生。自然通风可以分为热压通风和风压通风两种形式，占据核心地位、具有主导优势的是风压通风。建筑物附近的风压条件会对整体通风效果产生一定影响。在这种情况下，需要合理选择建筑物位置，充分结合建筑物的整体朝向和分布格局进行科学分析，提高建筑物整体通风效果。在设计过程中，还需充分结合建筑物剖面和平面状态综合考虑，尽量降低空气阻力对建筑物的影响，扩大门窗面积，使其维持在同一水平面上，实现减小空气阻力的目的。天气是影响户外风速的主要因素，为此在对建筑窗户进行环保节能设计时，可以通过添加百叶窗的方式对风速进行合理调控，减轻户外风速对室内通风的影响。热压通风和空气密度之间的联系比较密切。室内外温度差异容易影响整体空气密度，空气能够从高密度区域流向低密度区域，促进室内外空气的顺畅流通，室外干净的空气流入，把室内浑浊的空气排送出去，提升室内空气质量。

空调暖通。建筑物保温功能主要是通过空调暖通实现的。为了实现节能目标，可以对空调的运行功率进行合理调控，从而有效减少室内热量消耗，提高空调暖通的环保节能效果。除此之外，还可以通过对空调风量进行合理调控的方法以降低空调运行压力，减少空调能耗，实现节能目标。把变频技术融入空调暖通系统中，能够进一步减少空调能耗，和传统技术下的能耗相比降低了四成，提高空调暖通的节能效果。经济发展提升了人们整体生活质量，但也加重了环境污染，影响到人们的健康。对空调暖通进行优化设计能够有效降低污染物排放，减少能源消耗，提升室内环境质量。在对建筑中的空调暖通设备进行设计的过程中，还需要充分结合建筑外部的气流状况和当地地理状况，合理选择环保材料，做好系统升级，提升环保节能设计的社会性与经济效益。

电气节能技术。在新时期的建筑设计中，电气节能技术的应用范围逐渐扩大，能够进一步减少能源消耗。电气节能技术大都应用于照明系统、供电系统和机电系统中。在配置供电系统相关基础设备的过程中，应该始终坚持安全和简单的原则，预防出现相同电压的变配电技术超出两端的问题，外变配电所应该和负荷中心之间维持较近的距离，从而有效减少能源消耗，使整个线路的电压维持一种稳定的状态。为了降低变压器空载过程中的能量损耗，可以选择配置节能变压器。为了进一步保证热稳定性，控制电压损耗，应该合理配置电缆电线。照明设计和配置两者之间完全不同，照明设计需要符合相应的照度标准，合理的照度设计能降低电气系统能源消耗，实现优化配置的终极目标。

综上所述，环保节能设计符合新时期的发展诉求，是建筑领域未来发展的主流方向，能够不断优化人们的生活环境和生活质量，在确保建筑整体功能的基础上，为人们提供舒适生活，打造良好生态环境。

第五节　绿色建筑设计的美学思考

在以绿色与发展为主题的当今社会，我国经济飞速发展，科技创新不断进步，在此背景下，绿色建筑在我国得以全面发展，各类优秀的绿色建筑案例不断涌现，给建筑设计领域带来了一场革命。建筑作为一门凝固的艺术，是以建筑的工程技术为基础的一种造型艺术。绿色技术对建筑造型的设计影响显著，希望本节能对从事建筑业的同行有所帮助。

建筑是人类改造自然的产物，绿色建筑是建筑学发展到当前阶段人类对不断恶化的居住环境的改造诉求。绿色建筑的主题是对建筑三要素"实用、经济、美观"的最好解答，基于此，对绿色建筑理念下的建筑形式美学开展研究分析，就十分必要了。

一、绿色建筑设计的美学基本原则

"四节一环保"是绿色建筑概念最基本的要求，《绿色建筑评价标准》更是提出了"以人为本"的设计理念。因此对于绿色建筑的设计来说，首先要回归建筑学的最本质原则，建筑师要从"环境、功能、形式"三者的本质关系入手，建筑所表现的最终形式就是对这三者关系的最真实的反映。至于建筑美，从建筑诞生那刻起，人类对建筑美的追求就从未停止，虽然不同时代、不同时期人们的审美眼光有所不同，但美的法则是有其永恒的规律可遵循的。优秀的建筑作品无一例外的都遵循了"多样统一"的形式美原则，如主从、对比、韵律、比例、尺度、均衡等基本法则仍然是建筑审美的最基本原则。从建造角度来讲，建筑本身是和建筑材料密切相关的，整个建筑的历史，从某种意义来说也是一部建筑材料史，绿色建筑美的表现还在于对建筑材料本身特质与性能的真实体现。

二、绿色建筑设计的美学体现

生态美学。生态美是所有生命体和自然环境和谐发展的基础，需要确保生态环境中的空气、水、植物、动物等众多元素协调统一，建筑师的规划设计需要在满足自然规律的前提下来实现。我们都知道，中国传统民居就是古代劳动人民在适应自然、改造自然的过程中不断积累经验，利用本土建筑材料与长期积累的建造技艺来建造，最终的形成一套具有浓郁地方特色的建筑体制。无论是北方的合院、江南的四水归堂、中西部的窑洞，西南地区的干栏，无一例外都是适应当地自然环境气候特征，并因地制宜进行建造的结果，从本质上体现了先民与自然和谐相处的哲学思想。现代生态建筑的先驱及实践者、马来西亚建筑大师杨经文的作品为现代建筑的生态设计提供了重要的方向。他认为："我们不需要采取措施来衡量生态建筑的美学标准。我认为，它应该看起来像一个'生活'的东西，它可以改变、成长和自我修复，就像一个活的有机体，同时它看起来必须非常美丽。"

工艺美学。现代建筑起源于工艺美术运动，最早有关科技美的思想，是德国的物理学家兼哲学家费希纳所提出的。建筑是建造艺术与材料艺术的统一体，它表现出的结构美、材料质感美都与工业、科技的发展进步密不可分。人类进入信息化社会后，区别于以往单纯追求技术，未来建筑会更加智能化，科技感会更突出。这种科技美的出现不仅打破了过去自然美和艺术美的概念，还为绿色建筑更好的发展提供了新的机会。与以往"被动式"的绿色技术建筑不同，未来的绿色建筑将更加"主动"，从某种意义上讲绿色建筑也会变得更加有机，其自我调控和修复的能力更强。

空间艺术。建筑从使用价值的角度来讲，本质的价值不在于外部形式而在于内部空间本身。健康舒适的室内空间环境是绿色建筑最基本的要求。在不同地域、不同气候特征下，建筑内部的空间特征就有所区别，一般来说，严寒地区的室内空间封闭感比较强，炎热地区的空间就比较开敞通透。建筑内部对空间效果的追求要以有利于建筑节能，有利于室内获得良好通风与采光为前提。同时，室内空间的设计要能很好地回应外部的自然景观条件，能将外部景观引入室内（对景、借景），二者相结合形成美的空间视觉感受。

三、绿色建筑设计的美学设计要点

绿色建筑场地设计。绿色建筑的场地设计要求我们在开发利用场地时，能保护场地内原有的自然水域、湿地、植被等，保持场地内生态系统与场外生态系统的连贯性。正所谓"人与天调，然后天下之美生"，意为只有将"人与天调"作为基础，全面地关注和重视，只有基于对生态的重视，我们才能够实现可持续发展，从而设计并展现出真正的美。这就要求我们在改造利用场地时，选址要合理，所选基地要适合建筑的性质；在场地规划设计时，要结合场地自身的特点（地形地貌等），因地制宜地协调各种因素，最终形成比较理性的规划方案。建筑物的布局应合理有序，功能分区明确，交通组织合理。真正与场地结合完美的建筑就如同在场地中生长一般，如现代主义建筑大师赖特的代表作流水别墅，就是建筑与地形完美结合的经典之作。

绿色建筑形体设计。基于绿色建筑理念下的建筑形态设计，建筑师应充分考虑建筑与周边自然环境的联系，从环境入手考虑建筑形体，建筑的风格应与城市、周边环境相协调。一般在"被动式"节能理念下，建筑的形体应该规整，控制好建筑表面积与体积的比值（体型系数），才能节约能耗。对于高层建筑，风荷载是最主要的水平荷载。建筑形体要求能有效减弱水平风荷载的影响，这对节约建筑造价有着积极的意义，如上海金茂大厦、环球金融中心的形体处理就是非常优秀的案例。在气候的影响下，严寒地区的建筑形体一般比较厚重，而炎热地区的建筑形体则比较轻盈舒展。在场地地形差比较复杂的时候，建筑的形态更应结合场地地形来处理，以此来实现二者的融合。

绿色建筑外立面设计。绿色建筑的外立面首先应比较简洁，应该摒弃无用的装饰构件，这符合现代建筑"少就是多"的美学理念。为了保证建筑节能效果，应在满足室内采光要求下，合理控制建筑物外立面的开窗尺度。在建筑立面表现上，我们可根据遮阳设置一些水平构架或垂直构件，建筑立面的元素要有实用功能。在此理念下，结合建筑美学原理，来组织各种建筑元素，体现建筑造型风格。在建材选择上，应积极选用绿色建材，建筑立面要能充分表现材料本身的特色，如钢材的轻盈、混凝土的厚重及可塑性、玻璃的反射与投射等等。在智能技术发展普及下，建筑的外立面不是一旦建成就固定不变了，如今已实现了可控可调，建筑的立面可以与外部环境互动，丰富了建筑的立面视觉感观。如可根据太阳高度及方位的变化来智能调节角度的遮阳板，可以"呼吸"的玻璃幕墙，立体绿化立面等等，这些都展现出了科技美与生态美的理念。

绿色室内空间设计。在室内空间方面，绿色建筑提倡装修一体化设计，这样可以缩短建筑工期，减少二次装修带来的建筑材料上的浪费。从建筑空间艺术角度来看，一体化设计更有利于建筑师对建筑室内外整体建筑效果的把控，有利于建筑空间氛围的营造，有利于实现高品位的空间设计。从室内空间的舒适性方面来看，绿色建筑的室内空间要求能改善室内自然通风与自然采光条件。基于此，中庭空间是最常用的建筑室内空间，可结合建筑的朝向以及主要风向设置中庭，形成通风甬道。同时将外部自然光引入室内，利用烟囱效应，有助于引进自然气流，置换优质的新鲜空气。中庭地面设置绿化、水池等景观，在提供视觉享受的同时，更有利于改善室内小气候。

绿色建筑景观设计。景观设计由于所处国度及文化不同，设计思想差异很大。以古典园林为代表的中国传统景观思想讲究体现山水的自然美，而西方古典园林的表达则是以几何美为主。在这两种哲学思想下，形成了现代景观设计的两条主线。绿色主题下的景观设计应该更重视如何建立良性循环的生态系统，体现自然元素，减少人工痕迹。在绿化布局中，要改变过去单纯二维平面维度的布置思路，应该提高绿容率，讲究立体绿化布置。在植物配置的选择上应以乡土树种为主，提倡"乔""灌""草"的科学搭配，提高整个绿地生态系统对人居环境质量的提高作用。

绿色建筑的发展打破了固有的建筑模式，给建筑行业注入了新的活力。伴随着人们对绿色建筑认识的提高，也会不断提升对于绿色建筑的审美能力，作为建筑师应该提升个人修养，杜绝奇怪的建筑形式，设计符合大众审美的建筑作品。

第六节　绿色建筑设计的原则与目标

以"生态引领、绿色设计"为主的绿色建筑设计理念逐渐引起建筑业的重视，并得到了一定程度的推广与应用。以绿色建筑为主的设计理念主张结合可持续发展的战略，实现建筑领域内的绿色设计目标，解决以往建筑施工的污染问题，最大限度地确保建筑绿色施工效果。可以说，绿色建筑设计已成为我国建筑领域重点贯彻与落实的工作内容。基于此，本节主要以绿色建筑设计为研究对象，重点针对绿色建筑设计原则、实现目标及设计方法进行合理分析，以供参考。

全面贯彻与落实国家建筑部会议精神及决策部署，牢固树立创新、绿色、开放的建筑领域发展理念，已成为建筑工程现场施工与设计工作的理念与核心目标。目前，对于绿色建筑设计问题，必须严格遵循可持续发展理念与绿色建筑设计理念，即构建以创新发展为内在驱动力，以绿色设计与绿色施工为内在抓手的设计理念，以期为绿色建筑设计及现场施工提供有效保障。与此同时，在实行绿色建筑设计过程中，建筑设计师必须始终坚持把"生态引领、绿色设计"放在全局规划设计当中，力图将绿色建筑设计工作带入到建筑工程的整体施工当中。

一、绿色建筑的相关概述

基本理念。所谓的绿色建筑主要是指在建筑设计与建筑施工过程中，始终秉持人与自然协调发展的原则，结合节能降耗发展理念，保护环境和减少污染，为人们提供健康、舒适和高效的使用空间，建设与自然和谐共生的建筑物。在提高自然资源利用率的同时，促进生态建筑与自然建筑的协调发展。在实践过程中，绿色建筑一般不会使用过多的化学合成材料，主要利用自然能源，如太阳光、风能等可再生资源，让建筑使用者直接与大自然相接触，减少以往人工干预的问题，确保居住者生活在一个低耗、高效、环保、绿色、舒心的环境当中。

核心内容。绿色建筑核心内容以节约能源与回归自然为主。其中，节约能源资源主要是指在建筑设计过程中利用环保材料，最大限度地保证建设环境安全。与此同时提高材料利用率，合理处理并配置剩余材料，确保可再生能源得以反复利用。举例而言，针对建筑供暖与通风设计问题，在设计方面应该尽量减少空调等供暖设备的使用量，最好利用自然资源，如太阳光、风能等，加强阳面的通风效果与供暖效果。一般来说，不同地区的夏季主导风向有所不同。建筑设计师可以根据不同的地理位置以及气候因素进行统筹规划与合理部署，科学设计建筑平面形式和总图布局。

绿色建筑设计主要是指在充分利用自然资源的基础上，实现建筑内部设计与外部环境的协调发展。通俗来讲，就是在和谐中求发展，尽可能地确保建筑工程的居住效果与使用效果。在设计过程中，应当摒弃传统能耗问题过大的施工材料，杜绝使用有害化学材料等，尽量控制好室内温度与湿度问题。待设计工作结束之后，现场施工人员往往需要深入施工场地进行实地勘测，及时明确施工区域的土壤条件，是否存在有害物质等。需要注意的是，对于建筑施工过程中使用的石灰、木材等材料必须事先做好质量检验工作，防止出现施工能耗问题。

二、绿色建筑设计的原则

简单实用原则。工程项目设计工作往往需要立足于当地经济特点、环境特点以及资源特点等方面统筹考虑，对待区域内自然变化情况，必须充分利用各项元素，以提高建筑设计的合理性与科学性。由于不同地域经济文化、风俗习惯存在一定差异，因此所对应的绿色设计要求与内容也不尽相同。针对于此，绿色建筑设计工作必须在满足人们日常生活需求的前提下，尽可能地选用节能型、环保型材料，确保工程项目设计的简单性与适用性，更好地加强建筑对外界不良环境的抵抗能力。

经济和谐原则。绿色建筑设计针对空间设计、项目改造以及拆除重建问题予以重点研究，并针对施工过程中能耗过大的问题（如化学材料能耗问题等）进行合理改进。主张现场施工人员以及技术人员采取必要的控制手段，解决以往施工能耗过大的问题。与此同时，严格要求建筑建筑设计师必须事先做好相关调查工作，明确施工场地施工条件，针对不同建筑系统采取不同的方法策略。为此，绿色建筑设计要求建筑设计师必须严格遵照经济和谐原则，充分结合并与发展可持续发展理念相结合，满足工程建设经济性与和谐性的要求。

节约舒适原则。绿色建筑设计的主体目标在于如何实现能源资源节约与成本资源节约的双向发展。因此，国家建筑部将节约舒适原则视为绿色建筑设计工作必须予以重点践行的工作内容。严格要求建筑设计师必须立足于城市绿色建筑设计要求，重点考虑城市经济发展需求与主要趋势，根据建设区域条件，重点考虑住宅通风与散热等问题，减少空调、电扇等高能耗设备的使用频率，初步缓解能源需求与供应之间的矛盾。除此之外，在建筑隔热、保温以及通风等功能的设计与应用方面，最好实现清洁能源与环保材料的循环使用，进一步提升人们生活的舒适程度。

三、绿色建筑设计目标内容

新版《公共建筑绿色设计标准》与《住宅建筑绿色设计标准》针对绿色建筑设计目标内容做出了明确指示与规划，要求建筑设计师从多个层面入手，实现层层推进、环环紧扣的绿色建筑设计目标。重点从各个耗能区域入手，加强节能降耗设计，以确保绿色建筑设计内容实现建筑施工全范围的覆盖。笔者结合实际工作经验，总结与归纳出绿色建筑设计亟待实现的目标内容，仅供参考。

功能目标。绿色建筑设计功能目标涵盖面较广，集中以建筑结构设计功能、居住者使用功能、绿色建筑体系结构功能等目标内容为主。在实行绿色建筑设计工作时，的建筑设计师必须从住宅温度、湿度、空间布局等方面综合衡量与考虑，如空间布局规范合理、建筑面积适宜、通风性良好等。与此同时，在身心健康方面，建筑设计师必须立足于当地实际环境条件，为室内空间设计良好的空气流通环境，所选用的装饰材料必须满足无污染、无辐射的条件，最大限度地确保建筑物安全，加大建筑物的使用功能。

环境目标。做好绿色建筑设计工作的本质，其目的在于尽可能降低施工过程中造成的污染。因此，对于绿色建筑设计工作而言，必须首先确定环境设计目标。在正式设计阶段，最好着眼于合理规划建筑设计方案方面，确保绿色建筑设计目标能够得以实现。与此同时，在能源开采与利用方面，最好重点明确设计目标内容，确保建筑物各结构部位的使用效果。如结合太阳能、风能、地热能等自然能源，降低施工过程中的能耗污染。

成本目标。经济成本始终是建筑项目必须重点考虑的效益问题。对于绿色建筑设计工作而言，实现成本目标对于工程建设项目具有至关重要的作用。对于绿色建筑设计成本而言，往往需要从建筑全寿命周期进行核定。对待成本预算工作，必须从整个建筑层面的规划入手，合理记录各个独立系统额外增加的费用，从其他处合理减少，防止总体成本发生明显波动。如太阳能供暖系统的投资成本虽然增加了，但是可以降低建筑的运营成本。

四、绿色建筑设计工作的具体实践分析

关于绿色建筑设计工作的具体实践，笔者主要以通风设计、给排水设计、节材设计为例进行阐述。其中，通风设计作为绿色建筑设计的重点内容，需要着眼于绿色建筑设计目标，针对绿色建筑结构进行科学改造。如合理安排门窗开设问题、适当放宽窗户开设尺寸要求，以达到提高通风量的目的。与此同时，对于建筑物内部走廊过长或者狭小的问题，建筑设计师一般会针对楼梯走廊添加开窗设计，提高楼梯走廊光亮程度以及通风效果。

在给排水系统设计方面，应当严格遵循绿色建筑设计理念，将提高水资源利用效率作为给排水系统设计的核心目标。在排水管道设施的选择方面，尽量选择具备节能、绿色的管道设施。在布局规划方面，必须满足严谨、规范的绿色建筑设计原则。在节约水资源方面，最好合理回收并利用雨水资源、规范处理废水资源。举例而言，废水资源经循环处理之后，可以用于现场施工，清洗施工设备等。

在建筑设计过程中，节材设计尤为重要。建筑材料的选择直接影响着设计手法和表现效果，建筑设计应尽量多地采用天然材料，力求资源可重复利用，减少资源的浪费。木材、竹材、石材、钢材、砖块、玻璃等均是可重复利用的极好建材，是现在建筑师最常用的设计材料之一，也是体现地域建筑特色的重要表达方式。旧材料的重复利用，加上现代元素的金属板、混凝土、玻璃等，能形成强烈的新旧对比，在节材的同时赋予了旧材料以新生命，也彰显了人文情怀和地方特色。材料的重复使用更能凸显绿色建筑中地域与人文的"呼

应"、传统与现代的"融合"、环境与建筑的"一体"的理念。

总而言之,绿色建筑设计作为实现城市可持续发展与环保节能理念落实的重要保障,理应从多个层面实现层层推进、环环紧扣的绿色建筑设计目标。在绿色建筑设计过程中,最好将提高能源资源利用率以及实现节能、节材、降耗目标放在首要的战略位置,力图在降低能耗的同时节约成本。与此同时,在绿色建筑设计过程中,对于项目规划与设计问题,必须尊重自然规律、保持生态平衡。对待施工问题,不得擅自主张改建或者扩建,确保能够实现人与自然和谐相处的目标。需要注意的是,工程建筑设计师要立足当前社会发展趋势与特点,明确实行绿色建筑设计的主要原则及目标,从根本上确保绿色建筑设计效果,为工程建造安全提供保障。

第七节 基于 BIM 技术的绿色建筑设计

社会的快速发展推动了我国的城市化进程,使得建筑业的发展取得了突飞猛进的效果,建筑业在快速发展的同时也给我国的生态环境带来了一定的污染,一些能源也面临着枯竭。这类问题的出现对我国的经济发展产生了重大的影响。随着环境和能源问题的日益增加,我国对于生态环境保护工作给予了重大的关注,使我国现阶段的发展理念以节能、绿色和环保为主。作为我国城市发展基础工程的建筑工程,为了适应社会的发展,也逐渐向着绿色建筑的方向进步。虽然我国对于绿色建筑已在大力发展,但是由于一些因素的影响,绿色建筑的发展存在着一些问题,为了有效地解决绿色建筑发展中出现的问题,就需要在绿色建筑发展中合理地运用 BIM 技术。本节主要针对基于 BIM 技术的绿色建筑设计进行分析和研究。

一、BIM 技术和绿色建筑设计的概述

BIM 技术。BIM 技术是一种新的建筑信息模型,通常应用在建筑工程中的设计与建筑管理中,BIM 的运行方式主要是先通过参数对模型的信息进行整合,并在项目策划、维护以及运行中进行信息的传递。将 BIM 技术应用在绿色建筑设计中,不但可以为建筑单位以及设计团队奠定一定的合作基础,还可以有效地为建筑物从拆除到修建等各个环节提供有力的参考,由此可见,BIM 技术有助于建筑工程的量化和可视化。在项目建筑中,不论任何单位都可以利用 BIM 技术来对作业的情况进行修改、提取以及更新,所以说 BIM 技术还可以促进建筑工程的顺利开展。BIM 技术的发展是以数字技术为基础,是利用数字信息模型来对信息在 BIM 中进行储存的一个过程,这些储存的信息一般是对工程建筑施工、设计和管理具有重要作用的信息,通过 BIM 技术实现对关键信息的统一管理,有利于施工人员的工作。应用 BIM 技术的建筑模型技术,主要运用的是仿真模拟技术,这种技术即使面

对的是一项复杂的工程，也可以快速地分析工程的信息。BIM 技术具有模拟性、协调性和可视性等特点，可以有效地提高建筑工程的施工质量，降低施工成本。

绿色建筑设计。绿色建筑在我国近几年的发展中，应用的范围越来越广泛。绿色建筑的发展源于人们对以往的建筑业和工业发展带来的环境污染和资源浪费的反思，发展绿色建筑主要是希望建筑物的发展在发挥其自身特性的同时，也能够达到节能减排的效果。绿色建筑是为了我国的建筑发展在建筑物有限的使用寿命里有效地减少污染，只有这样才能够提升人们的生活质量，促进人与建筑以及人与人的和谐发展。绿色建筑是一种建筑设计理念，并不是在建筑的周围进行一种绿色设计，简单来说，就是在工程建设不破坏生态平衡的前提下，还能够有效地减少建筑材料的使用以及能源的使用，发展的主要目的是节能环保。

二、BIM 技术与绿色建筑设计的相互关系

BIM 技术为绿色建筑设计赋予了科学性。BIM 技术主要是借助数字信息模型来对绿色建筑中的数据进行分析，分析的数据不但包括设计数据，还包括施工数据，所以 BIM 技术的运用贯穿于建筑工程项目的始终。BIM 技术可以在市政、暖通、水利、建筑以及桥梁的施工中进行使用，在建筑工程中利用 BIM 技术，主要是为了减小工程建设的能源损耗，提高施工效率和施工质量。由于 BIM 技术的发展是以数字技术为基础，所以对数据的分析具有精确性和正确性，在绿色建筑设计的数据分析中利用 BIM 技术进行分析，可以使绿色建筑的设计更加科学化和规范化，经过精确的数据分析，它可以更好地达到绿色建筑的行业标准要求。

绿色建筑设计促进了 BIM 发展技术的提升。BIM 技术在我国现阶段的发展处于探究发展的阶段，还没完全成熟，为了促进 BIM 技术的发展，应在实际的运用中对 BIM 技术问题进行发现和修整。因此，在绿色建筑设计中应用 BIM 技术可以有效地加快 BIM 技术发展的速度。由于绿色建筑设计的每一个环节都需要用到 BIM 技术来进行辅助工作和数据支撑，所以应及时发现 BIM 技术在每一个环节中出现的问题。

三、基于 BIM 技术的绿色建筑设计

节约能源的使用。绿色建筑设计发展的要求就是做到对资源使用的节约，所以说节约能源是绿色建筑设计发展的重要内容。在绿色建筑设计中应用 BIM 技术，可以通过建立三维模型来对能源的消耗情况进行分析，在对数据进行分析时，还可以根据当地气候的数据对模型进行调整，这样就会使建筑结构分析更精确，会最大限度地避免建筑结构重置的情况，在实际的施工中也可以减小工程变更问题的出现，因此可以较大程度地减少对能源的使用。通过 BIM 技术还可以实现对太阳辐射强度的分析，这样就可以有效地获取太阳能，并对太阳能最大限度地使用。太阳能为可再生能源，在绿色建筑中加大对太阳能的使用，

就可以有效地降低对其他能源的使用率。

运营管理分析。建筑物对能源的消耗是极大的，能耗的问题是建筑业发展中所面临的严峻挑战之一，将 BIM 技术应用在建筑工程中，可以有效地降低项目工程设计、运行以及施工中对能源消耗的情况。由于 BIM 技术具有独特的状态监测功能，还可以在较短的时间内对建筑设备的运行状态进行了解，有效实现了对运营的实时监管和控制。通过对运营的监管，最大限度地减少能源消耗，从而使得绿色建筑设计的经济效益最大化。BIM 技术还具有紧急报警装置，如果在施工的过程中有意外情况发生，BIM 就会及时发出警报，使损失达到最小化。

室内环境分析。在绿色建筑中利用 BIM 技术来对数据进行分析，可以通过精确且有效的计算数据来发现建筑物设计中的不足，这样不但可以有效提升建筑设计的水平，还可以最大限度地优化建筑物室内的环境（如通风、采光、取暖、降噪等）。BIM 技术对室内环境的优化主要是通过对室内环境的各种数据进行分析之后得出真实情况的模拟，再通过 BIM 技术准确的数据支撑，使设计师在了解数据之后通过对门窗开启的时间、速度和程度等各种条件来改善通风的情况。因此，BIM 技术的应用可以有效地对室内通风状况进行优化。

协调建筑与环境之间的关系问题。利用 BIM 技术可以对建筑物的墙体、采光、通风以及声音的问题等数据进行分析，在利用 BIM 技术对这类问题进行分析时，通常是利用建筑方所提供的设计说明书来对相应的光源、声音以及通风的情况进行设计，把这类数据输入 BIM 软件，便可以生成与其相关的数据报告，设计者再通过这些报告来对建筑物的设计进行改进，便可有效地协调建筑物和环境之间的问题。

我国科技不断发展，在促进社会进步的同时，也使 BIM 技术得到广泛地应用，为了满足社会发展的需求，我国的建筑业正在不断向着绿色建筑方向发展。要使绿色建筑设计发展取得良好的发展，就需要在绿色建筑设计中融入 BIM 技术，BIM 技术对绿色建筑设计具有较好的辅助作用，有利于提升设计方案的生态性，还可以有效地改善建筑工程建设中污染严重的情况。面对当前局势，必须加大对绿色建筑设计的推广力度，并且积极地利用现代技术来优化模拟设计方案，这样才可以推动建筑设计的生态性不断发展以及促进建筑业的可持续发展。

第四章 绿色建筑设计要素

信息时代的到来，知识经济和循环经济的发展，人们对现代化的向往与追求，赋予了绿色节能建筑无穷的魅力，发掘绿色建筑设计的巨大潜力却又是时代对建筑师的要求。绿色建筑设计是生态建筑设计，它是绿色节能建筑的基础和关键。在可持续发展和开放建筑的原则下，绿色建筑设计指导思想应遵循现代开放、端庄朴实、简洁流畅、动态亲民的建筑要求，从选址到格局，从朝向到风向，从平面到竖向，从间距到界面，从单体到群体，都应当充分体现出绿色的理念。

国内工程实践证明，在倡导和谐社会的今天，怎样抓住绿色建筑设计要素，有效运用各种设计要素，使人类的居住环境体现出空间环境、生态环境、文化环境、景观环境、社交环境、健身环境等多重环境的整合效应，使人居环境品质更加舒适、优美、洁净，建造出更多节能并且能够改善人居环境的绿色建筑就显得尤为重要。

第一节 绿色建筑室内外环境设计

绿色建筑是日渐兴起的一种自然、和谐、健康的建筑理念。意在寻求自然、建筑和人三者之间的和谐统一，即在 "以人为本" 的基础上，利用自然条件和人工手段来创造一个有利于人们舒适、健康生活的生活环境，同时又要控制对自然资源的使用，实现自然索取与回报之间的平衡。因此，现在所说的绿色建筑，不仅要能提供安全舒适的室内环境，还应具有与自然环境相和谐的良好的建筑外部环境。

室内外环境设计是建筑设计的深化，是绿色建筑设计中的重要组成部分。随着社会不断进步和人民生活水平的提高，建筑室内外环境设计在人们的生活中越来越重要，在人类文明发展至今天的现代社会中，人类已不再是只简单地满足于物质功能的需要，而更多的需求是精神上的满足。所以在室内外环境设计中，我们必须一切围绕着人们更高的需求来进行设计，其中包括物质需求和精神需求。具体的室内外环境设计要素主要包括：对建造所用材料的控制、对室内有害物质的控制、对室内热环境的控制、对建筑室内隔声的设计、对室内采光与照明设计、对室外绿地设计要求等。

一、对建造所用材料的控制

建筑物采用传统建筑材料建造，不仅会耗费大量的自然资源，而且还会产生很多环境问题。例如，产生大量的建筑废料，装修材料引起的室内空气污染等，会导致一系列的建筑物综合征等。随着人们环保意识的提高，人们越来越重视建筑材料引起的建筑室内外空气污染的问题。工程实践充分证明，绿色建筑在材料的使用上考虑两个要素：一是将自然资源的消耗降到最低；二是为建筑用户创造一个健康、舒适和无害的空间。

通过在材料的选择过程中进行寿命周期分析和比较常规的标准（如费用、美观、性能、可获得性、规范和厂家的保证等），尽量减少自然资源的消耗。绿色建筑提倡使用可再生和可循环的天然材料，同时尽量减少含甲醛、苯、重金属等有害物质材料的使用；和人造材料相比，天然材料含有较少的有毒物质，并且更加节能。只有当使用无污染节能的环保材料时，我们建造的建筑才具有可持续性。同时，还应该大力发展高强高性能材料，以及进行垃圾分类收集、分类处理、有机物的生物处理，尽可能地减少建筑废弃物的排放和空气污染物的产生，实现资源的可持续发展。

二、对室内有害物质的控制

现代人平均有 60%~80% 的时间生活和工作在室内。室内空气质量的好坏直接影响着人们的生活质量和身体健康，与室内空气污染有直接关系的疾病，已经成为社会普遍关注的热点，也成为了绿色建筑设计的重点。认识和分析常见的室内污染物，采取有效措施对有害物质进行控制，将其危害防患于未然，这对提高人类生活质量有着重要的意义。室内环境质量受到多方面的影响和污染，其污染物质的种类很多，大致可以分为三大类：第一类为物理性污染，包括噪声、光辐射、电磁辐射、放射性污染等，主要来源于室外及室内的电器设备；第二类为化学性污染，包括建筑装饰装修材料及家具制品中释放的具有挥发性的化合物，数量多达几十种，其中以甲醛、苯、氡、氨等室内有害气体的危害尤为严重；第三类为生物性污染，主要有螨虫、白蚁及其他细菌等，主要来自地毯、毛毯、木制品及结构主体等。其中甲醛、氨气、氡气、苯和放射性物质等，不仅是目前室内环境污染物的主要来源，还是室内污染物的控制重点。

绿色建筑在设计中对污染源要进行控制，需尽量使用国家认证的环保型材料，提倡合理使用自然通风，这样不仅可以节省更多的能源，而且更有利于室内空气品质的提高。要求在建筑物建成后通过环保验收，有条件的建筑可设置污染监控系统，确保建筑物内空气质量达到人体所需要的健康标准。

室内污染监控系统能够将所采集到的有关信息传输至计算机或监控平台，实现对公共场所空气质量的采集、数据存储、实时报警、历史数据的分析、统计、处理和调节控制等功能，保障室内空气质量良好。对室内空气的控制，可采用室内空气检测仪。

三、对室内热环境的控制

室内热环境又称室内气候，由室内空气温度、湿度、气流和热辐射四种参数综合形成，是以人体舒适感进行评价的一种室内环境。影响室内热环境的因素主要包括室内空气温度、湿度、气流速度以及人体与周围环境之间的辐射换热。根据室内热环境的性质，房屋的种类大体可分为两大类：一类是以满足人体需要为主的，如住宅、教室、办公室等；另一类是满足生产工艺或科学试验要求的，如恒温恒湿车间、冷藏库、试验室、温室等。适宜的室内热环境是指室内使人体易于保持热平衡从而感到舒适的室内环境条件。热舒适的室内环境有利于人的身心健康，进而可提高学习、工作效率，而当人处于过冷或过热的环境中，则会因不适而应引起疾病，影响人体健康乃至危及生命。在进行绿色建筑设计时，必须注意空气温度、湿度、气流速度以及环境热辐射对建筑室内的影响，对于室内热环境可用专门的仪器进行监控。

四、对建筑室内隔声的设计

建筑室内隔声是指随着现代城市的发展，噪声源的增加，建筑物的密集，高强度轻质材料的使用，对建筑物进行有效的隔声防护措施。建筑隔声除了要考虑建筑物内人们活动所引起的声音干扰外，还要考虑建筑物外交通运输、工商业活动等噪声传入而造成的干扰。

建筑隔声包括空气声隔声和结构隔声两个方面。所谓空气声是指经空气传播或透过建筑构件传至室内的声音，如人们的谈笑声、收音机声、交通噪声等。所谓结构声是指机电设备、地面或地下车辆以及打桩、楼板上的走动等所造成的振动，经地面或建筑构件传至室内而辐射出的声音。在建筑物内空气声和结构声是可以互相转化的，因为空气声的振动能够迫使构件产生振动成为结构声，而结构声辐射出声音时，也就成为空气声。

室内背景噪声水平是影响室内环境质量的重要因素之一。尽管室内噪声通常与室内空气质量和热舒适度相比，对人体的影响不是显得非常重要，但其危害也是多方面的，例如可引起耳部不适、降低工作效率、损害心血管、引起神经系统紊乱，严重的甚至影响听力和视力等，必须引起足够的重视。建筑隔声设计的内容主要包括选定合适隔声量、采取合理的布局、采用隔声结构和材料、采取有效的隔振措施。

（1）选定合适隔声量。对特殊的建筑物（如音乐厅、录音室、测听室）的构件，可按其内部容许的噪声级和外部噪声级的大小来确定所需构件的隔声量。对普通住宅、办公室、学校等建筑，由于受材料、投资和使用条件等因素的限制，选取围护结构隔声量，就要综合各种因素来确定一个最佳数值。通常可用居住建筑隔声标准所规定的隔声量。

（2）采取合理的布局。在进行隔声设计时，最好不用特殊的隔声构造，而是利用一般的构件和合理布局来满足隔声要求。如在设计住宅时，厨房、厕所的位置要远离邻户的卧室、起居室；对于剧院、音乐厅等则可用休息厅、门厅等形成声锁来满足隔声的要求。为了减少隔声设计的复杂性和投资额，在建筑物内应该尽可能将噪声源集中起来，使之远离需要安静的房间。

（3）采用隔声结构和材料。某些需要特别安静的房间，如录音棚、广播室、声学实验室等，可采用双层围护结构或其他特殊构造，以保证室内的安静；在普通建筑物内，若采用轻质构件，则常用双层构造，才能满足隔声要求；对于楼板撞击声，通常采用弹性或阻尼材料来做面层或垫层，或在楼板下增设分离式吊顶等，以减少干扰。

（4）采取有效的隔振措施。建筑物内如有电机等设备，除了利用周围墙板隔声外，还必须在其基础管道与建筑物的联结处，安设隔振装置。如有通风管道，还要在管道的进风和出风段内加设消声装置。

五、对室内采光与照明设计

就人的视觉来说，没有光也就没有一切。在室内设计中，光不仅是为满足人们视觉功能的需要，而且是一个重要的美学因素。光可以形成空间、改变空间或者破坏空间，它能直接影响到人对物体大小、形状、质地和色彩的感知。近几年来的研究证明，光还影响细胞的再生长、激素的产生、腺体的分泌以及体温、身体的活动和食物的消耗等生理节奏。因此，室内照明是室内设计的重要组成部分之一，在设计之初就应该加以考虑。室内采光主要由自然光源和人工光源两种组成。自然采光最大缺点就是不稳定和难以达到所要求的室内照度均匀度。在建筑的高窗位置采取反光板、折光棱镜玻璃等措施，不仅可以将更多的自然光线引入室内，而且可以改善室内自然采光形成照度的均匀性和稳定性。由于现代人经常处在繁忙的生活节奏中，所以白天真正在居室的时间非常少，人在居室的多数时间里，可能由于房型和房间的朝向的问题，房间更多的时间都可能受不到自然光照，所以室内设计人工光源是必不可少的。《建筑照明设计规范》在进行室内照明设计时，主要应注意以下设计要点。

（1）室内灯光设计先要考虑为人服务，还要考虑各个空间的亮度。起居室是人们经常活动的空间，所以室内灯光要亮点；卧室是休息的地方，亮度要求不太高；餐厅要综合考虑，一般需要中等的亮度，但桌面上的亮度应适当提高；厨房要有足够的亮度，而且宜设置局部照明；卫生间要求一般，如果有特殊要求，应配置局部照明；书房则以功能性为主要考虑，为了减轻长时间阅读所造成的眼睛疲劳，应考虑色温较接近早晨和太阳光的照明。

（2）设计灯光还要考虑不同房间的照明形式，是采用整体照明（普照式）还是采用局部照明（集中式）或者是采用混合照明（辅助照明）。

（3）设计灯光要根据室内家具、陈设、摆设，以及墙面来设置，整体与局部照明结合使用，同时考虑功能和效果。

（4）设计灯光要结合家具的色彩和明度：①各个房间的灯光设计既要统一，又要各自营造出不同的气氛；②结合家具设计灯光，可加强空间感和立体感，从而突出家具的造型。

（5）设计灯光也要根据采用的装潢材料以及材料表面的肌理，考虑好照明角度，尽可能突出中心，同时也要注意避免对人造成眩光与阴影。

根据《中华人民共和国国民经济和社会发展第十二个五年规划纲要》、《"十二五"节能减排综合性工作方案》和《住房城乡建设事业 "十二五"规划的有关要求》，为推进全国城市绿色照明工作，提高城市照明节能管理水平，住房城乡建设部最近颁布了新的国家标准《建筑照明设计标准》，并于 2014 年 6 月 1 日开始实施。

《建筑照明设计标准》的制定将有利于城乡建筑的照明情况得到改观，也为城乡建筑照明未来的发展指明了方向。标准的相关条例对于绿色建筑照明设计今后的发展将起到巨大的促进作用，也为照明行业的相关企业和具体执行者提供了法律依据和标准尺度，对绿色建筑照明设计和照明企业生产起到了具体的规范作用。

六、 对室外绿地的设计要求

对于各类城市室外的绿地而言，如何合理有效地促进城市室外绿地建设，改善城市环境的生态和景观，保证城市绿地符合适用、经济、安全、健康、环保、美观、防护等基本要求，确保绿色建筑室外绿地设计质量等。这些问题的解决，都需要遵循人与自然和谐共存、可持续发展、经济合理等基本原则，创造良好生态和景观效果，促进人的身心健康。室外绿地设计的经验证明，将室外绿地空间进行室内生活化设计，在居住区空间环境设计中引入和借鉴室内生活化设计的方法，能够表现出对人的关怀，使绿地空间更具有亲切感和生活感。主要是借鉴室内设计顶面、侧面、底面的手法，使人们在室外休闲环境中获得室内的感受，如立在室外环境中的一堵墙，可创造出两个微妙的空间——向阳空间和阴面空间。三个垂直方向的围合会有明显的向心感或居中感，在室外开放空间中，适当的围合使人能享受室内体验的坐憩空间，是受人欢迎和适于停驻的环境。同时，还可以利用柱廊、花架、模结构的遮阳伞，创造一系列具有人体尺度和领域感的虚拟空间，营造富有室内生活气息的室外休闲空间环境。

为加强对居住区绿地设计质量技术指导和监督，提高城市居住区绿化设计质量和水平，我国先后颁布了《城市居住区规划设计规范》、《公园设计规范》、《城市道路绿化规划与设计规范》、《城市绿地设计规范》等法规，对室外绿地设计提出了具体标准和要求。"人均公共绿地指标"是居住区内构建适应不同居住对象游憩活动空间的前提条件，也是适应居民日常不同层次的游憩活动需要、优化住区空间环境、提升环境质量的基本条件。为此，根据《城市居住区规划设计规范》中的相关规定及住区规模，一般以居住小区居多的情况下，应满足 "人均公共绿地指标不低于 $1m^2$" 的要求。

根据《城市居住区规划设计规范》中的规定，对于居住区的绿地设计应符合下列具体要求。

（1）居住区内绿地，应包括公共绿地、宅旁绿地、配套公建所属绿地和道路绿地等。

（2）住区内绿地应符合下列规定：①一切可绿化的用地均应绿化，宜发展垂直绿化；②宅间绿地应精心规划与设计，宅间绿地面积的计算办法应符合《城市居住区规划设计规范》第 11 章中有关规定；③绿地率：新区建设不应低于 30%，旧区改造不宜低于 25%。

（3）居住区内的绿地规划，应根据居住区的规划组织结构类型、不同的布局方式、环境特点及用地等具体条件，采用集中与分散相结合，点、线、面相结合的绿地系统，并宜保留和利用规划或改造范围内的已有树木和绿地。

（4）居住区内的公共绿地，应根据居住区不同的规划组织结构类型，设置相应的中心公共绿地。

第二节　绿色建筑健康舒适性设计

中国作为建筑业大国，被国际建筑界称之为"世界上最大的建筑工地"。我国现有建筑总面积 400 多亿平方米，预计到 2020 年还将新增建筑面积约 $300 \times 108m^2$，作为世界上耗能第一大户的建筑业，推进绿色建筑是近年来建筑发展的一个基本趋势，也是建设资源节约型、环境友好型社会的重要环节。

关于绿色建筑的提法众多，国际上尚无一致的意见，范围的界定也存在差异，我国《绿色建筑评价标准》将其定义为："在建筑的全寿命周期内，最大限度地节约资源（节能、节地、节水、节材）、保护环境和减少污染，为人类提供健康、适用和高效的适用空间，与自然和谐共生的建筑"。由此可知，我国的绿色建筑主要包涵了以下 3 个方面的特征。

（1）绿色建筑是节约环保的。最大限度地节约资源、保护环境、呵护生态和减少污染，将因人类对建筑物的构建和使用活动所造成的对地球资源与环境的负荷和影响降到最低。

（2）绿色建筑是健康舒适的。使用的装修材料和建筑材料应为绿色天然无污染的无害产品，且可以保持室内温度、湿度适宜以及空气的清新，适合人类居住，利于人体健康，为人们营造了一个适于居住的生存空间。

（3）绿色建筑是回归自然的。亲近、关爱与呵护人与建筑物所处的自然生态环境，追求自然、建筑和人三者之间和谐统一。

发达国家的经验证明，真正的绿色建筑不仅要能提供舒适而有安全的室内环境，还应具有与自然环境相和谐的良好的建筑外部环境。在进行绿色建筑规划设计和施工时，不仅要考虑到当地气候、建筑形态、使用方工、设施状况、营建过程、建筑材料、使用管理对外部环境的影响，以及是否具有舒适、健康的内部环境，还要考虑投资人、用户、设计、安装、运行、维修人员的利害关系。

换言之，可持久的设计、良好的环境及受益的用户三者之间应该有平衡的、良性的互动关系，这才能达到最优化的绿化效果。绿色建筑正是以这一观点为出发点，平衡及协调内外环境及用户之间不同的需求与不同的能源依赖程度，从而达成建筑与环境的自然融和。

随着我国建设小康社会的全面展开，还必将促进绿色住宅建设的快速发展。随着居住品质的不断提高，人们更加注重住宅的舒适性和健康性。因此，如何从规划设计入手来提高住宅的居住品质，达到人们期望的舒适性和健康性要求，主要从以下几个方面着重设计。

一、 建筑规划设计注重利用大环境资源

在绿色建筑的规划设计中，合理利用大环境资源和充分节约能源，是可持续发展战略的重要组成部分，是当代中国建筑和世界建筑的发展方向。真正的绿色建筑要实现资源的循环利用。要改变单向的灭失性的资源利用方式，尽量加以回收利用；要实现资源的优化合理配置，应该依靠梯度消费，减少空置资源，抑制过度消费，做到物显所值、物尽其用。对于绿色建筑的规划设计，主要从以下方面进行重点考虑。

（1）全面系统地进行绿色建筑的规划设计。要把单纯的建筑设计变为包括建筑、环境、资源利用等方面的综合性规划设计，甚至也要把绿色建筑的施工建造过程包含在整体设计中。因此，建筑师面临的不再是单一建筑功能和美学问题，环境科学和生态科学的理论将成为建筑师知识结构的重要组成部分。建筑师的定义也将发生质的改变，建筑师将会是建筑学家、环境学家和生态学家的综合体。

（2）能源利用的创新。利用低品质能源（如太阳能、风能）进行建筑整体性或基础性调温，利用高品质能源（如电能等）来进行局部性、精细性调温，将成为绿色建筑设计的通则。这样的结构，不仅可以做到节能，还可以降低建造成本。建筑节能不仅要着眼于减少能源的使用，还必须考虑尽量采用低品质（低能值转换率）的能源。

（3）在绿色建筑的建设过程中，应尽可能维持原有场地的地形地貌，这样既可以减少用于场地平整所带来建设投资的增加，减少施工的工程量，也避免了因场地建设对原有生态环境景观的破坏。场地内有价值的树木、水塘、水系，不但具有较高的生态价值，而且是传承场地所在区域历史文脉的重要载体，也是该区域重要的景观标志。因此，应根据《城市绿化条例》等国家相关规定予以保护。当因建设开发需要改造场地内地形、地貌、水系、植被等环境状况时，在工程结束后，鼓励建设方采取相应的场地环境恢复措施，减少对原有场地环境的改变，避免因土地过度开发而造成对城市整体环境的破坏。

（4）绿色建筑建设地点的确定，是决定绿色建筑外部大环境是否安全的重要前提。众所周知，洪灾、泥石流等自然灾害，对建筑场地会造成毁灭性破坏。据有关资料显示，主要存在于土壤和石材中的氡是无色无味的致癌物质，会对人体产生极大伤害。电磁辐射无色无味无形，可以穿透包括人体在内的多种物质，人体如果长期暴露在超过安全的辐射剂量下，细胞就会被大面积杀伤或杀死，并产生多种疾病。

二、 具有完善的生活配套设施体系

回顾住宅建筑的发展历史，如今已经发生根本性的变化。第一代、第二代住宅只是简

单地解决基本的居住问题，更多的是追求生存空间的数量；第三代、第四代住宅已逐渐过渡到追求生活空间的质量和住宅产品的品质；发展到第五代住宅时已开始着眼于环境，追求生存空间的生态、文化环境。

当今时代，绿色住宅建筑生态环境的问题已得到高度的重视，人们更加渴望回归自然，使人与自然能够和谐相处，生态文化型住宅正是在满足人们物质生活的基础上，更加关注人们的精神需要和生活方便，这要求住宅具有完善的生活配套设施体系。

（一）绿色住宅建筑必备的要素

（1）总体规划注重利用自然、地理、文化、交通、社会等大环境资源，并使小区与城市空间、用地环境有良好的协调。

（2）小区整体布局注重阳光、空气、绿地等生态环境。有赏心悦目的楼房空间，每户都能享受到精致的庭院、人车分流的安全通道、富有文化内涵的供人们交往、休闲、健身的活动场所。

（3）科学、合理地设计和分配住宅户型，力求户户有良好的朝向、景观及通风的环境，降低楼电梯服务数，尽量减少户间的干扰。

（4）户型大小符合国家制定的居住标准要求，以多元化的户型适应消费者日益增长的个性化住房需求，并能以灵活的户型结构适应消费者家庭阶段性改变所导致的布局调整，使住房具有较长使用期。

（5）能合理安排户内的厨房、卫生间、洗衣间、储藏室、工人房、服务性阳台等功能性空间，并能妥善解决电气供应、油烟排放、空气调节、垃圾收集等问题。

（6）有分层次的绿化体系。结合自身及周边的自然环境，既有外围大区域的绿色景观，又有小区内的绿色庭院，以及户内的生态性阳台与庭院。

（7）有更加完善的生活配套设施体系。小区内有超市、菜场、美容美发等生活配套设施，有会所、学校、书店、网吧等文体、教育配套设施，还有医疗、保健等健康保护设施。

（8）有节能环保的设施体系。尽可能安装环保、节能设备，以减少噪声、污水等对环境的污染，净化居住环境。

（9）有良好的智能化体系。可通过计算机系统与宽带网络对安全、通信、视听、资讯等方面进行全方位的物业管理，使住户的生活更加现代化。

（10）有与消费者消费观念相匹配清新、明快的设计，富有时代感的建筑外观及风貌。

（二）《城市居住区规划设计规范》要求

住宅区配套公共服务设施，是满足居民基本的物质和精神生活所需的设施，也是保证居民生活品质不可缺少的重要组成部分。根据现行国家标准《城市居住区规划设计规范》中规定，在进行绿色建筑规划设计时，对生活配套设施体系应着重考虑以下方面：

（1）居住区公共服务设施（也称配套公建），应包括教育、医疗卫生、文化、体育、商业服务、金融邮电、社区服务、市政公用和行政管理及其他九类设施。

（2）综合考虑所在城市的性质、社会经济、气候、民族、习俗和传统风貌等地方特点和规划用地周围的环境条件。充分利用规划用地内有保留价值的河湖水域、地形地物、植被、道路、建筑物与构筑物等，并将其纳入规划。

（3）适应居民的活动规律。综合考虑日照、采光、通风、防灾、配建设施及管理要求，创造安全、卫生、方便、舒适和优美的居住生活环境。

（4）为老年人、残疾人的生活和社会活动提供条件。为工业化生产、机械化施工和建筑群体、空间环境多样化创造条件。为商品化经营、社会化管理及分期实施创造条件。

三、 绿色建筑应具有多样化住宅户型

随着国民经济的不断发展，住宅建设速度不断加快，人们的生活水平也在不断提高。不仅体现在住宅面积和数量的增长上，而且体现在住宅的性能和居住环境质量上。实现了从满足"住得下"、"分得开"的温饱阶段向"住得舒适"的小康阶段的飞跃，市场消费对住宅的品质甚至是细节提出了更高的要求。

住宅设计必须变革、创新，必须满足各种各样的消费人群，用最符合人性的空间来塑造住宅建筑，使人在居住过程中能得到良好的身心感受，真正做到"以人为本"、"以人为核心"，这就需要设计人员对住宅户型进行深入的调查和研究。家用电器的普遍化、智能化、大众化、家务社会化、人口老龄化以及"双休日"制度的实行等，使整个社会居民的闲暇时间显著增加。

由于工作制度的改变，使居民有更多的时间待在家中，且在家进行休闲娱乐活动的需求不断增多，因此对居住环境提出了更高的要求。如果提供的住宅户型既能满足居民基本的生活需求，又能满足他们休闲娱乐活动的需求以及其自我实现的需求，这对居住在集合性住宅中的居民来说是非常重要的。特别是由于信息技术的飞速发展，网络的兴起，改变了人们的生活观念，人们的生活方式日趋多样化。对于户型的要求也变得越来越多样化，因而对于户型多样化设计的研究也就越发地急迫。

根据我国城乡居民的基本情况，住宅应针对不同经济收入、结构类型、生活模式、不同职业、文化层次和社会地位不同的家庭提供相应的住宅套型。同时，从尊重人性的角度出发，对某些家庭（如老龄人和残疾人）还需提供特殊的套型，设计时应考虑无障碍设施等。当老龄人集居时，还应提供医务、文化活动、就餐以及急救等服务性设施。

四、 建筑功能的多样化和适应性

所谓建筑功能是指建筑在物质方面和精神方面的具体使用要求，也是人们设计和建造建筑需要达到的目的。不同的功能要求产生了不同的建筑类型，如工厂为了生产，住宅为了居住、生活和休息，学校为了学习，影剧院为了文化娱乐，商店为了商品交易等等。随着社会的不断发展和物质文化生活水平的提高，建筑功能将日益复杂化、多样化和适应化。

创建社会主义和谐社会，一个重要基础就是人民能够安居乐业。党和政府把住宅建设看成是社会主义制度优越性的具体体现，指出提高人民生活水平主要是居住水平上的提高。

（一）住宅的功能分区要合理

住宅的使用功能一般有如下几个分区：①公共活动区，如客厅、餐厅、门厅等；②私密休息区，如卧室、书室、保姆房等；③辅助区，如厨房、卫生间、储藏室、健身房、阳台等。这些分区，在平面设计上应正确处理这三个功能区的关系，使之使用合理又不相互干扰。

住宅的功能分区主要根据使用对象、使用性质及使用时间的不同而采取的住宅内部空间的组织形式也有所不同，以减少相互的干扰和影响。家庭成员的户内活动可概括地划分为：公共性和私密性、洁净和污浊、动态和静态。这些不同内容、不同属性的活动，应在各自行为空间内进行，使之互不干扰，达到生活上的舒适性和健康性。

在一般情况下，公共活动区应靠近人口处，私密休息区应设在住宅内部，公私、动静分区应明确，使用应方便。总之，一个优秀的住宅设计，既要以人的居住、休息、娱乐等方面的需要为中心，也要注重温馨、舒适，符合健康居住的理念。

（二）住宅小区规划设计合理

随着社会主义市场经济的不断发展，住宅产业已成为我国经济发展的重要支柱型产业之一。城市住宅仍然是居民关注的重点话题，而住宅小区规划又是带动住宅产业发展的龙头，其水平如何直接反映着居民的住宅环境是否提高。因此，搞好住宅小区规划不但能为城市居民营造出高质量的住宅生活环境，而且能有效地满足广大居民的生活需求，同时房地产开发企业能获得良好的经济效益、社会效益和环境效益，并促进住宅产业进一步发展。掌握好住宅小区规划设计中的关键需求，是搞好住宅小区规划的首要条件。对住宅小区环境规划设计的要求是，任何一个住宅小区建成投入使用后，便形成了一个"小社会"。它不仅仅是一个物质环境，还是一个社会环境。所以，在规划设计住宅小区时首先必须考虑住宅小区的环境规划，运用现代科学技术将环境美融合在一起，为住宅小区的居民着想，并从使用、卫生、安全、经济、美观和适用几个方面满足要求。

住宅小区规划设计应适应不同地区，不同人口组成和不同收入居民家庭的要求，住宅小区内要选择适合当地特点、设计合理、造型多样、舒适美观的住宅类型。为方便小区居民生活，规划中要合理确定小区公共服务设施的项目、规模及其分布方式，做到公共服务设施项目齐全、设备先进和布点适当，与住宅联系方便。为适应经济的增长和人民群众物质生活水平的提高，规划中应合理分析小区道路走向及道路断面形式，步行与车行互不干扰，并且还应根据住宅小区居民的需求，合理规定停车场地的指标及布局。此外，规划还应合理组织小区居民室外休息活动场地和公共绿地，创造宜人的居住生活环境。

五、建筑室内空间的可改性

住宅方式、公共建筑规模、家庭人员和结构是不断变化的，生活水平和科学技术也在不断提高。因此，绿色住宅具有可改性是客观的需要，也是符合可持续发展的原则。可改性首先需要有大空间的结构体系来奠基，例如大柱网的框架结构和板柱结构、大开间的剪力墙结构。其次应有可拆装的分隔体和可灵活布置的设备与管线。

结构体系常受施工技术与装备的制约，需因地制宜来选择，一般可选用结构不太复杂，却又可适当分隔的结构体系。轻质分隔墙虽已有较多产品，但要达到住户自己动手，既易拆卸又能安装，还需进一步研究其组合的节点构造。住宅的可改性最难的是管线的再调整，采用架空地板或吊顶都需较大的经济投入。厨房卫生间是设备众多和管线集中的地方，可采用管井和设备管道墙等，使之能达到灵活性和可改性的需要。对于公共空间可以采取灵活的隔断，使大空间具有较大的可塑性。

第三节　绿色建筑安全可靠性设计

绿色建筑工程作为一种特殊的产品，除了具有一般产品共有的质量特性，如性能、寿命、可靠性、安全性和经济性等满足社会需要的使用价值及其属性外，还具有特定的内涵，如与环境的协调性、节地、节水和节材等。概括地讲，绿色建筑工程质量的基本特性主要表现在以下 6 个方面：

（1）适用性。即建筑工程具备的功能，是指建筑工程满足使用的各种性能。包括：理化性能、结构性能、使用性能和外观性能等。

（2）耐久性。即建筑工程的使用寿命，是指工程在规定的条件下，满足规定功能要求使用的年限，也就是工程竣工后的合理使用寿命周期。

（3）安全性。安全性是指建筑工程建成后在使用过程中保证结构安全、人身和环境免受危害的程度。

（4）可靠性。可靠性是指建筑工程在规定的时间和规定的条件下完成规定功能的能力。

（5）经济性。经济性是指建筑工程从规划、勘察、设计、施工到整个产品使用寿命周期内的成本和消耗的费用。

（6）与环境的协调性。与环境的协调性是指建筑工程与其周围生态环境协调，与所在地区经济环境协调以及与周围已建工程相协调，以适应可持续发展的需求。

上述 6 个方面的质量特性彼此之间是相互依存的。总体而言，适用、耐久、安全、可靠、经济、与环境适应性，都是必须达到的基本要求，缺一不可。安全性和可靠性是绿色建筑工程最基本的特征，其实质是以人为本，对人的安全和健康负责。

一、 确保选址安全的设计措施

在现行国家标准《绿色建筑评价标准》中规定，绿色建筑建设地点的确定，是决定绿色建筑外部大环境是否安全的重要前提。建筑工程设计的首要条件是对绿色建筑的选址和危险源的避让。

众所周知，洪灾、泥石流等自然灾害，对建筑场地会造成毁灭性破坏。据有关资料显示，主要存在于土壤和石材中的氡是无色无味的致癌物质，会对人体产生极大伤害。电磁辐射对人体有两种影响：一是电磁波的热效应。当人体吸收到一定量的时候就会出现高温生理反应，最后导致神经衰弱、白细胞减少等病变；二是电磁波的非热效应。当电磁波长时间作用于人体时，就会出现如心率、血压等生理改变和失眠、健忘等生理反应，对孕妇及胎儿的影响较大，后果严重者可以导致胎儿畸形或者流产。

电磁辐射无色无味无形，可以穿透包括人体在内的多种物质。人体如果长期暴露在超过安全的辐射剂量下，细胞就会被大面积杀伤或杀死，并产生多种疾病。能制造电磁辐射污染的污染源很多，如电视广播发射塔、雷达站、通信发射台、变电站和高压电线等。此外，油库、煤气站、有毒物质车间等均有发生火灾、爆炸和毒气泄漏的可能。

为此，建筑在选址的过程中必须考虑到现状基地上的情况，最好仔细查看历史上相当长一段时间的情况，有无地质灾害的发生。其次，经过勘测地质条件，准确评价适合的建筑高度。总而言之，绿色建筑选址必须符合国家相关的安全规定。

二、确保建筑安全的设计措施

从事建筑结构设计的基本目的是在一定的经济条件下，赋予结构以适当的安全度，使结构在预定的使用期限内，能满足所预期的各种功能要求。一般来说，建筑结构必须满足的功能要求是：能承受在正常施工和使用时可能出现的各种作用，且在突发事件中，仍能保持必需的整体稳定性，即建筑结构需具有的安全性。在正常使用时具有良好的工作性能，即建筑结构需具有的适用性。在正常维护下具有足够的耐久性。因此可知，安全性、适用性和耐久性是评价一个建筑结构可靠（或安全）与否的标志，总称为结构的可靠性。

建筑结构安全直接影响建筑物的安全，结构不安全会导致墙体开裂、构件破坏和建筑物倾斜等，严重时甚至发生倒塌事故。因此，在进行建筑工程设计时，应注意采用以下确保建筑安全的设计措施。

（一）建筑设计必须与结构设计相结合

建筑设计与结构设计是整个建筑设计过程中的两个最重要的环节，对整个建筑物的外观效果、结构稳定方面起着至关重要的作用。但是，在实际设计中有一种不正确的倾向，少数建筑设计师把结构设计摆在从属地位，并要求结构必须服从建筑，应以建筑为主。许多建筑设计师强调创作的美观、新颖，强调创作的最大自由度。然而有些创新的建筑方案在结构上很不合理，甚至根本无法实现，这无疑给建筑结构的安全带来隐患。

（二）合理确定建筑工程的设计安全度

结构设计安全度的高低，是国家经济和资源状况、社会财富积累程度以及设计施工技术水平与材料质量水准的综合反映。确保工程的安全度在一定程度上需以概率和统计为基础，但更多的须依靠经验、工程判断及综合考虑。

与国际上一些通用标准相比，我国混凝土结构规范设定的安全度水平偏低，个别的偏低较多。这体现在涉及结构安全度的各个环节中，如我国混凝土结构设计规范取用的荷载值比国外低，材料强度值比国外高，估计结构承载力所用计算公式的安全富裕度低于国外。甚至在个别情况下偏于不安全，对结构的构造规定又远比国外要求低。

（三）对建筑工程要进行防火防爆设计

建筑消防设计是建筑设计中一个重要组成部分，关系到人民生命财产安全，应该引起建筑师和全社会的足够重视。下面从防火分区和安全疏散两方面来讨论。

1. 建筑的防火分区问题

在《建筑设计防火规范》中规定了厂房的防火分区。其中有一点需要注意，即厂房的防火分区应和该厂房的耐火等级、最多允许层数及占地面积有关。虽然《建筑设计防火规范》中规定封闭楼梯间的门为双向弹簧门，但作为划分防火分区用的封闭楼梯间门至少应设乙级防火门。因为开敞的楼梯间也是开口部位，是火灾纵向蔓延的途径之一，也应按上下连通层作为一个防火分区来计算面积。

2. 安全疏散设计问题

很多大型商业建筑在消防安全疏散设计中存在问题，例如首层中部疏散楼梯无法直通室外，中庭回廊容易滞留人员和首层疏散距离超过规范要求等。商业建筑卖场的疏散距离应执行《建筑设计防火规范》中"不论采用任何形式的楼梯间，房间内最远一点到房门的距离不应超过袋形走道两侧或尽端的房间从房门到外部出口或楼梯间的最大距离"的规定，即 22m。如再设有自动喷水灭火系统其疏散距离再增加 25%，为 27.5m。但如果在商业建筑的卖场每家店铺均设有到顶的隔断墙，并设有安全疏散通道。疏散通道两侧的隔墙耐火极限 $t \geq 1h$（非燃材料），房间隔墙耐火极限 $t > 0.5h$（非燃材料），则房间门通过安全疏散通道到疏散出口的距离适用 40m 和 22m。

三、 考虑建筑结构的耐久性

完善建筑结构的耐久性与安全性，是建筑结构工程设计顺利健康发展的基本要求，充分体现在建筑结构的使用寿命和使用安全及建筑的整体经济性等方面。在我国建筑结构设计中，结构耐久性不足已成为一个最现实的安全问题。现在主要存在这样的倾向：设计中考虑强度较多，而考虑耐久性较少。重视强度极限状态，而不重视使用极限状态。重视新建筑的建造，而不重视旧建筑的维护。所谓真正的建筑结构 "安全"，应包括保证人员财产不受损失和保证结构功能的正常运行，以及保证结构有修复的可能，即所谓的"强度"、"功能"和"可修复"三原则。

我国建筑工程结构的设计与施工规范，重点放在各种荷载作用下的结构强度要求，而对环境因素作用（如气候、冻融等大气侵蚀以及工程周围水、土中有害化学介质侵蚀等）下的耐久性要求则相对考虑较少。混凝土结构因钢筋锈蚀或混凝土腐蚀导致的结构安全事故，其严重程度已远大于因结构构件承载力安全水准设置偏低所带来的危害。因此，建筑结构的耐久性问题必须引起足够的重视。

四、 增加建筑施工安全生产执行力

《建设工程安全生产管理条例》第三条规定："建设工程安全生产管理，坚持安全第一、预防为主的方针。"第四条规定："建设单位、勘察单位、设计单位、施工单位、工程监理单位及其他与建设工程安全生产有关的单位，必须遵守安全生产法律法规的规定，保证建设工程安全生产，依法承担建设工程安全生产责任。"这些规定要求建筑工程在整个建设过程中，所有单位和人员都必须增加建筑施工过程的安全生产执行力。

所谓安全生产执行力，指的是贯彻战略意图，完成预定安全目标的操作能力，这是把企业安全规划转化为实践成果的关键。安全生产执行力包含完成安全任务的意愿、能力和程度。强化安全生产执行力，主要应注意以下几个方面。

（一）完善施工安全生产管理制度

制度是一个标准而并不是一张网，仅凭制度创造不出效益，一个不能发生文化的制度，不可能衍生尽责意识。如何将强制性的制度升华到文化层面，使员工普遍认知、认可、接受，以达到自觉自发自动按照制度要求规范其行为，完成他律到自律的转化，是构建制度文化真正内涵。完善建筑施工企业安全生产管理制度，是提升安全生产执行力的基础。没有完善的安全生产管理制度，在施工中就会遇到各种各样的问题，找不到相应的人员去落实，容易造成安全管理的不完善。因此，只有完善安全生产管理制度，将相应职责落实每一个人，让所有人都知道自己的职责与义务，这样才能为下一步提高安全生产执行力提供依据。

（二）加强建筑工程的安全生产沟通

在施工管理工作上，一定要把安全工作放在首位，加强对建设工程安全生产管理工作，加强建筑工程安全生产沟通都是非常必要的。工程实践充分证明，一个有效的建筑工程安全生产沟通，将相关的安全生产知识有效地传达到每一个人，可以通过安全生产培训、安全宣传和安全会议等方式来实现。通过建筑工程安全生产沟通，群策群力、集思广益，可以在执行中分清战略的条条框框，适合的才是最好的。通过自上而下形成的合力，使建筑施工企业将安全生产的规定执行得更顺利。

（三）反馈是建筑工程安全生产的保障

安全生产执行力的好坏，只有经过信息反馈才能对其进行评价，反馈是安全生产执行力的保障。通过反馈才能了解安全生产的执行情况，找出执行中出现的漏洞，及时加以纠正和弥补，保证安全生产执行力的有效进行。通过施工现场的检查，可以验证安全生产执行力的情况。建筑安全生产工作可以通过 PDCA 的管理模式来运行，通过计划—实施—检查—纠正的过程，不断循环修正错漏环节，进一步完善安全生产执行力。

（四）将建筑工程安全生产形成激励机制

所谓激励机制，就是组织通过设计适当的外部奖酬形式和工作环境，以一定的行为规范和惩罚性措施，借助信息沟通来激发、引导、保持和归化组织成员的行为，以有效地实现组织及其成员个人目标的系统活动。有效的激励机制有利于促进其安全生产执行力的提高。同样对于建筑施工企业从业人员，激励对于他们来说是莫大的鼓舞。激励有助于安全生产工作的顺利进行，有助于提高安全生产执行力。

通过物质奖励与精神奖励的结合，对在安全生产工作中认真履行职责的人员，给予其一定的物质奖励，并在一定范围内给予通报表扬，鼓励其继续为安全生产工作而努力。同时，让其他人员看到积极参与安全管理工作，认真履行安全职责，坚决执行安全生产规章制度可以得到奖励，激励其他人员向优秀者学习。这样就形成了一个有效的激励机制，这种激励机制一定程度上促进了安全生产执行力的顺利进行。

（五）建筑运营过程的可靠性保障措施

建筑工程在运营的过程中，不可避免地会出现建筑物本体损害、线路老化及有害气体排放等。如何保证建筑工程在运营过程的安全与绿色化，是绿色建筑工程的重要内容之一。建筑工程运营过程的可靠性保障措施，具体包括以下几个方面：

（1）物业管理公司应制定节能、节水、节地、节材与绿化管理制度，并严格按照管理制度实施。节能管理制度主要包括节能管理模式、收费模式等；节水管理制度主要包括梯级用水原则、节水方案等；节地管理制度主要包括如何科学布局、合理利用土地；节材管理制度主要包括建筑、设备、系统的维护制度及耗材管理制度等；绿化管理制度主要包括绿化用水的使用及计量，各种杀虫剂、除草剂、化肥和农药等化学药品的规范使用等。

（2）在建筑工程的运营过程中，会产生大量的废水和废气，对室内外环境产生一定的影响。为此，需要通过选用先进、适用的设备和材料或其他方式，通过合理的技术措施和排放管理手段，杜绝建筑工程运营中废水和废气的不达标排放。

（3）由于建筑工程中设备、管道的使用寿命普遍短于建筑结构的寿命。因此各种设备、管道的布置应方便将来的维修、改造和更换。在一般情况下，可通过将管井设置在公共部位等方法，减少对用户的干扰。属公共使用功能的设备、管道应设置在公共部位，以便于日常的维修与更换。

（4）为确保建筑工程安全、高效运营,应根据现行国家标准《智能建筑设计标准》和《智能建筑工程质量验收规范》中的规定，设置合理、完善的建筑信息网络系统，能顺利支持通信和计算机网的应用，并且运行可靠。

第四节 绿色建筑耐久适用性设计

在现行国家标准 《建筑结构可靠度设计统一标准》中，对结构可靠性的定义为：结构在规定的时间内，在规定的条件下，完成预定功能的能力。其中，规定时间是指结构的设计使用年限，规定的条件是指正常设计、正常施工、正常使用和正常维护，而预定功能则指结构的安全性、适用性和耐久性。

耐久适用性是对绿色建筑工程最基本的要求之一。耐久性是材料抵抗自身和自然环境双重因素长期破坏作用的能力，绿色建筑工程的耐久性是指在正常运行维护和不需要进行大修的条件下，绿色建筑物的使用寿命满足一定的设计使用年限要求，并且不发生严重的风化、老化、衰减、失真、腐蚀和锈蚀等问题。适用性是指结构在正常使用条件下能满足预定使用功能要求的能力，绿色建筑工程的适用性是指在正常运行维护和不需要进行大修的条件下，绿色建筑物的功能和工作性能满足建造时的设计年限的使用要求等。

一、 建筑材料的可循环使用设计

现代建筑是能源及材料消耗的重要组成部分。随着地球环境的日益恶化和资源日益减少，保持建筑材料的可持续发展，提高建筑资源的综合利用率已成为社会普遍关注的课题。欧美等发达国家对建筑材料资源的保护与可循环利用问题意识较早，已开展大量的研究与广泛的实践。如传统建筑材料的可循环利用、一般废弃物在建筑中的可循环利用、新型可循环建筑材料的应用等，且大多数由政府主导，以 "自上而下"的方式形成对建筑资源保护比较一致的社会认同。目前，我国对建筑材料资源可循环利用的研究已取得突破性成就，但仍存在技术及社会认同等方面的不足，与发达国家相比在该领域还存在差距。

环境质量的急剧恶化和不可再生资源的迅速减少，对人类的生存与发展构成严重的威胁，可持续发展的思想和材料资源循环利用在这样的大背景下应运而生。这些年来我国城市建设繁荣的背后，暗藏着巨大的浪费，同时存在着材料资源短缺，循环利用率低的问题。因此，加强建筑材料的循环利用成为当务之急。

我国的现状是幅员辽阔、人口众多，纯天然建筑材料难以满足建设的需求。建筑结构材料不能像日本及西欧国家那样过分强调纯天然制品。对传统的量大面广的建筑材料，应主要强调生态环境化的替代和改造，如加强二次资源综合利用，提高材料的事循环利用率等，有必要时禁止采用瓷砖对大型建筑物进行外表面装修等。

我国制定的《建材工业 "十二五" 发展规划》中指出："十二五" 时期是全面建设小康社会的关键时期，国民经济仍将保持平稳较快增长。建材工业既面临着发展机遇，也面临着更大挑战。战略性新兴产业和绿色建筑的发展，对建材工业提出了更高要求。培育和发展新材料产业，对无机非金属新材料品种、质量和性能等均提出了新的要求。推广绿色建筑也促使材料向安全、环保和节能等方向发展，进一步增强抗震减灾、防火保温、舒适环保等新的功能，同时在生产和使用周期内减少对资源的消耗和对环境的影响。

根据我国的实际情况，未来建材工业总的发展原则应该是：具有健康、安全和环保的基本特征，具有轻质、高强、耐用、多功能的优良技术性能和美学功能，还必须符合节能、节地和利废三个条件。今后，我国的建材工业要坚持绿色发展的道路，加强节能减排和资源综合利用，大力发展循环经济，推进清洁生产，着力开发集安全、环保、节能于一体的绿色建筑材料，促进建材工业向绿色功能产业转变。

二、充分利用尚可使用的旧建筑

在现行国家标准《绿色建筑评价标准》中要求，"充分利用尚可使用的旧建筑资源，有利于物尽其用、节约资源。'尚可使用的旧建筑'是指建筑质量能保证使用安全的旧建筑，或通过少量改造加固后能保证使用安全的旧建筑。对旧建筑的利用，可根据规划要求保留或改变其原有使用性质，并纳入规划建设项目。"工程实践证明，充分利用尚可使用的旧建筑，不仅是节约建筑用地的重要措施之一，而且也是防止大拆乱建的控制条件。

在充分利用尚可使用的旧建筑方面，北京 798 艺术区取得了显著的社会效益和经济效益。在对原有的历史文化遗产进行保护的前提下，原有的工业厂房被重新定义、设计和改造，带来了对建筑和生活方式的全新诠释。798 艺术区的旧建筑总结的成功经验，给我们提出了一个全新的建筑观，即建筑不再被看作为一个静止的、一成不变的非生命体，而是看作一个能够进行新陈代谢的生命体。它能够通过自我更新而完成自我调整、自我发展，由此而适应外界新的需求，解决使用过程中的新问题。这种充分利用可利用资源的发展方式是绿色建筑 "四节" 的最好体现。

我国现在正处于工业转型期，工业旧厂房的改造再利用显得越来越迫切。在绿色建筑的理念中重点突出了对产业类历史建筑保护和再利用进行系统而有明确针对性的研究总结。因此，在中国特定的城市化历史背景下，构筑产业类历史建筑及地段保护性改造再利用的理论架构，经由实践层面的物质性实证研究，提出具有技术针对性的改造设计方法，无疑具有重要的理论意义和极富现实价值的应用前景。

三、绿色建筑工程的适应性设计

我国的城市住宅正经历着从增加建造数量到提高居住质量的战略转移，提高住宅的设计水平和适应性是实现这个转变的关键。住宅适应性设计是指在保持住宅基本结构不变的前提下，通过提高住宅的功能适应能力，来满足居住者不同的和变化的居住需求。对绿色建筑设计手法的确定，首先考虑的是绿色建筑的地域气候适应性。对绿色建筑而言，气候作为重要的环境因素，深深地影响着地域建筑文化的形成。因此，气候、阳光和温度等自然地理条件将无可置疑地成为建筑设计的一个基本出发点，通过建筑朝向、剖面形式、平面布局、体量造型、空间组织和细部设计的确定，表达出它对所处自然环境的一种被动的、低能耗的正确反应。

适应性运用于绿色建筑设计，是一种顺应自然，与自然合作的友善态度和面向未来的超越精神。合理地协调建筑与人、建筑与社会、建筑与生物、建筑与自然环境的关系。在时代不停发展过程中，建筑要适应人们陆续提出的使用需求，这在设计之初、使用过程以及经营管理中是必须注意的。保证建筑的耐久性和适应性，要做到以下两个方面：一是保证建筑的使用功能不与建筑形式挂死，不会因为丧失建筑原功能而使建筑被废弃；二是不断运用新技术、新能源改造建筑，使之能不断地满足人们生活的新需求。

第五节　绿色建筑节约环保型设计

党的十八大提出，坚持节约资源和保护环境的基本国策，这充分体现了党和政府对节约资源和保护生态环境的认识已升华到新的高度，赋予其新的思想内涵。节约资源是保护生态环境的根本之策。要节约集中利用资源，推动资源利用方式根本转变，加强全过程节约管理，大幅降低能源、水和土地消耗强度，提高利用效率和效益。推动能源生产和消费革命，控制能源消费总量，加强节能降耗，支持节能低碳产业和新能源、可再生能源发展，确保国家能源安全。加强水源地保护和用水总量管理，推进水循环利用，建设节水型社会。严守耕地保护红线，严格土地用途管制。加强矿产资源勘查、保护、合理开发。发展循环经济，推动生产、流通和消费过程的减量化、再利用与资源化。

良好的生态环境是人和社会持续发展的根本基础。要实施重大生态修复工程，增强生态产品生产能力，推进荒漠化、石漠化和水土流失综合治理，扩大森林、湖泊、湿地面积，保护生物多样性。加快水利建设，增强城乡防洪抗旱排涝能力。加强防灾减灾体系建设，提高气象、地质、地震灾害防御能力。坚持预防为主、综合治理，以解决损害群众健康突出环境问题为重点，强化水、大气和土壤等污染的预防。坚持共同但有区别的责任原则、公平原则和各自能力原则，同国际社会一起积极应对全球气候变化。

近年来的实践证明，节约环保是绿色建筑工程的基本特征之一。这是一个全方位、全过程的节约环保的概念，主要包括用地、用能、用水、用材等的节约与环境保护，这也是人、建筑与环境生态共存和节约环保型社会建设的基本要求。

一、 建筑用地节约设计

土地是关系国计民生的重要战略资源，耕地是广大农民赖以生存的基础。我国土地资源总量丰富但人均缺少。随着经济的发展和人口的增加，土地资源的形势将越来越严峻。城市住宅建设不可避免地占用大量土地，而土地问题也往往成为城市发展的制约因素。如何在城市建设设计中贯彻节约用地理念？采取什么样的措施来实现节约用地？是摆在每个城市建设设计者面前的关键性问题，而这一问题在设计中经常被忽略或重视程度不够。

《绿色建筑评价技术细则》中明确指出：在建设过程中应尽可能维持原有场地的地形地貌，减少用于场地平整所带来的建设投资，减少施工工程量，避免因场地建设对原有生态环境与景观的破坏。场地内有价值的树木、水塘和水系不但具有较高的生态价值，而且是传承场地所在区域历史文脉的重要载体，也是该区域重要的景观标志。因此，应根据《城市绿化条例》等国家相关规定予以保护。当建设开发需要改造场地内的地形、地貌、水系、植被等环境状况时，在工程结束后，建设方应采取相应的场地环境恢复措施，减少对原有场地环境的改变，避免因土地过度开发而造成对城市整体环境的破坏。

要坚持城市建设的可持续发展，就必须加强对城市建设项目用地的科学管理。在项目的前期工作中采取各种有效措施对城市建设用地进行合理控制，不但有利于城市建设的全面发展，加快城市化建设步伐，而且更具有实现全社会全面、协调和可持续发展的深远意义。

二、 建筑节能方面设计

建筑节能是指在建筑材料生产、房屋建筑和构筑物施工及使用过程中，满足同等需要或达到相同目的的条件下，尽可能降低能耗。发展节能建筑是近些年来关注的方向和重点。建筑节能实质上是利用自然规律和周围自然环境条件，改善区域环境微气候，从而实现节约建筑能耗。建筑节能设计主要包括两个方面内容：一是节约，即提高供暖（空调）系统的效率和减少建筑本身所散失的能源；二是开发，即开发利用新的能源。

建筑节能具体指在建筑物的规划、设计、新建（改建、扩建）、改造和使用过程中，执行节能标准，采用节能型的技术、工艺、设备、材料和产品，提高保温隔热性能和采暖供热、空调制冷制热系统效率，加强建筑物用能系统的运行管理，利用可再生能源。在保证室内热环境质量的前提下，增大室内外能量交换热阻，以减少供热系统、空调制冷制热、照明、热水供应因大量热消耗而产生的能耗。

建筑节能是关系到我国建设低碳经济，完成节能减排目标，保持经济可持续发展的重要环节之一。要想做好建筑节能工作，完成各项指标。我们需要认真规划、强力推进，踏踏实实地从细节抓起。全面的建筑节能是一项系统工程，必须由国家立法、政府主导，对建筑节能做出全面的、明确的政策规定，并由政府相关部门按照国家的节能政策，制定全面的建筑节能标准。要真正做到全面的建筑节能，还须由设计、施工、各级监督管理部门、开发商、运行管理部门、用户等各个环节严格按照国家节能政策和节能标准的规定，全面贯彻执行各项节能措施，从而使每一位公民真正树立起全面的建筑节能观，将建筑节能真正落到实处。

（一）减少能源的散发

就减少建筑本身能量的散失而言，首先要采用高效、经济的保温材料和先进的构造技术来有效地提高建筑围护结构的整体保温、密闭性能。其次，为了保证良好的室内卫生条件，既要有较好的通风，又要设计配备能量回收系统。主要包括从外窗、遮阳系统、外围护墙及节能新风系统四个方面进行设计。

1. 外窗节能设计

外窗是建筑外围护结构中的开口部位，它具有采光、通风、日照和视野等功能。在冬季，窗户通过采光将太阳发出的大量光能引入室内，提高室内的温度，不仅使室内具有充足的光线，还为用户提供舒适、健康的室内环境，提高生活质量。在这种情况下，窗户作为一种导热构件，是窗户利用太阳能改善室内热舒适的一种方式，是建筑节能的体现。另一方面，建筑外窗是能耗大的构件。窗户是轻质薄壁结构，是建筑保温、隔热的薄弱环节。通常情况下，窗户的能耗主要通过空气渗透、温差传热和辐射热三种途径实现热量交换的过程中。空气渗透是通过外窗开启部分的密封缝隙处渗透入室内的空气通过对流交换所带来的能量损失。温差传热是由于室内外的温差作用，通过窗框和窗玻璃的热传导所带来的能量损失。辐射热是通过采光玻璃的辐射所带来的能量损失。在外窗节能设计中，必须认真对待以上三种热量损失。

2. 遮阳系统设计

遮阳从古到今一直是建筑物的重要组成部分。特别是 21 世纪的今天，玻璃幕墙成为主流建筑的亮丽外衣，由于玻璃表面换热性强、热透射率高，对室内热条件有极大的影响，所以遮阳特别是外遮阳所起到的节能作用，显得越来越突出。建筑遮阳与建筑所在的地理位置的气候和日照状况密不可分，日照变化和日温差变化的存在，使建筑室内在午间需要遮阳，而早晚需要接受阳光照射。

来自太阳的热辐射作用主要从两个途径进入室内影响我们的热舒适：一是透过窗户进入室内并被室内表面所吸收，产生了加热的效果；二是被建筑的外围护结构表面吸收，其中又有一部分热量通过建筑围护结构的热传导逐渐进入室内。即使建筑外墙、屋顶和门窗的隔热蓄热作用在一定程度上稳定了室内的温度变化，但透过窗户进入室内的日照还是对室温有直接而重要的影响。所以，建筑遮阳的目的在于阻断直射阳光透过玻璃进入室内，防止阳光过分照射和加热建筑围护结构，防止直射阳光造成的强烈眩光。

在所有的被动式节能措施中，建筑遮阳也许是最为立竿见影的有效方法。传统的建筑遮阳构造，一般都安装在侧窗、屋顶天窗和中庭玻璃顶，类型有平板式遮阳板、布幔、格栅、绿化植被等。随着建筑的发展，幕墙产品的更新换代，外遮阳系统也在功能上和外观上不断地创新，从形式上划分为水平式遮阳、垂直式遮阳、综合式遮阳和挡板式遮阳四类。

3. 外围护墙设计

建筑外围护墙是绿色建筑重要的一个部分，它不仅仅对建筑有支撑和围护的作用，而且还发挥着隔绝外界冷热空气，保证室内气温稳定的作用。因此，建筑外围护墙体对于建筑的节能发挥着重要的作用。绿色建筑越来越多地深入到社会和生活的各个方面，从建筑设计本身考虑，建筑的形态、建筑方位、空间的设计和建筑外表面的材料种类、材料构造、材料色彩等，是目前绿色建筑设计研究的主要内容。而其中建筑外围护结构保温和隔热设计是节能设计的重点，也是节能设计中最有效的、最适合我国普遍采用的方法。

节能住宅分为外保温墙体和内保温墙体两种。目前，在实际工程采用较多的是外保温墙体。工程实践证明，外保温墙体不仅具有施工方便、保护主体结构、保温层不受室外气候侵蚀等优点，同时具有避免产生热桥、保温效率高等优越性。另外，外保温墙体还有减少保温材料内部结构的可能性，增加室内的使用面积，房间的热惰性比较好，室内墙面二次装修和设备安装不受限制，墙体结构温度应力较小等特点。

4. 节能新风系统

在节能建筑中，由于外窗具有良好的呼吸与隔热的作用，外围护结构具有良好的密封性和保温性，使得人为设计室内新风和污浊空气的走向成为舒适性中必须重点考虑的一个问题。目前比较流行的下送上排式的节能新风系统，就能较好地解决这个问题。新风系统是根据在密闭的室内一侧用专用设备向室内送新风，再从另一侧由专用设备向室外排出，在室内会形成"新风流动场"的原理，从而满足室内新风换气的需要。

新风系统是由风机、进风口、排风口及各种管道和接头组成。安装在吊顶内的风机通过管道与一系列的排风口相连。风机启动后，使室内形成负压，室内受污染的空气经排风口及风机排往室外，室外新鲜空气便经安装在窗框上方（窗框与墙体之间）的进风口进入室内，从而使室内人员可呼吸到高品质的新鲜空气。

（二）绿色建筑新能源的使用

当今随着社会经济的大跨度发展，人类社会的不断进步。能源的消耗、浪费越来越严重。新能源的开发利用就成为国际社会发展的迫切要求。对于人类必不可少的居住建筑，新能源更是趋之如鹜。新能源建筑不仅能节省资源、降低造价，更能降低环境的污染，保持人类社会的生态平衡，这是绿色建筑发展的新方向。

能源是人类生存与发展的重要基础，经济的发展依赖于能源的发展。当今能源问题已经成为全世界共同关注的问题，能源短缺成为制约经济发展的重要因素。建筑从建材生产，建筑施工到建筑物的使用无时不在消耗着能源。资料统计表明欧美等发达国家的建筑能耗占到全国总能耗的 1 / 3 左右，我国也占到25%以上。因此在建筑中推广节能技术势在必行。面对资源环境制约的严峻挑战，建筑节能减排将是一项长期而艰巨的任务，也是一项重要而紧迫的现实工作，这同时也为新能源建筑应用提供了广阔的发展空间，丰富的资源优势和先进的产业优势将为新能源建筑应用带来得天独厚的优势。

推进新能源建筑应用是顺应低碳经济发展趋势的必然选择。为应对日趋严峻的环境污染和能源危机，世界各国纷纷加快调整产业结构，寻求节能、高效、低污染、可持续发展的方式。以提高能源利用效率和转变能源结构为核心的低碳经济，逐步替代传统的高能耗发展模式，以"低排放、高能效、高效率"为特征的低碳城市建设，已引起高度关注。推进建筑节能，发展绿色建筑，促进建筑向高效绿色型转变，发展新能源建筑应用是必然选择。在节约不可再生能源的同时，人类还在寻求开发利用新能源以适应人口增加和能源枯竭的现实，这是历史赋予现代人的使命，而新能源有效地开发利用必定要以高科技为依托。如开发利用太阳能、风能、潮汐能、水力、地热及其他可再生的自然界能源，必须借助于先进的技术手段，并且要不断地完善和提高，以达到更有效地利用这些能源。如人们在建筑上不仅能利用太阳能采暖，太阳能热水器还能将太阳能转化为电能，并且将光电产品与建筑构件合为一体，如光电屋面板、光电外墙板、光电遮阳板、光电窗间墙、光电天窗以及光电玻璃幕墙等，使耗能变成产能。

三、　建筑用水节约设计

据有关资料显示我国人均水资源占有量仅仅相当于世界人均水平的 1/4，居于世界110 位，被列为世界 13 个贫水国之一。建筑给排水设计对于保障我国居民用水，提高水资源的利用率具有一定的现实意义。但是，目前社会对于建筑给排水设计的节能、节水问题，重视度仍然不够，还普遍存在认识上的偏差。在实际设计中经常会出现，各种不合理的设计，进而造成了巨大的能源浪费和经济浪费。因此，建筑给排水设计人员只有不断的增强节能意识，将节水任务放在设计工作的重要位置上，才能保证高效的能源应用，实现可持续发展。冷却水宜循环利用，提高水的重复利用率。在水源条件许可的情况下，可采用江水、河水、湖泊水、海水和地下水等作为循环冷却水。在绿化、道路浇洒、汽车冲洗和地面冲洗用水中，尽量采用非生活饮用水，可采用雨水、中水等其它排水，并对冲洗用水回收利用。消防水池尽可能与游泳池、水景合用，做到一水多用、重复利用和循环使用，并设置水处理装置。在条件许可情况下设置合用消防水箱，以减少消防水箱的清洗用水。

我国是一个严重缺水的国家，解决水资源短缺的主要办法有节水、蓄水和调水三种，而节水是三者中最方便和最经济的。节水主要有总量控制和再生利用两种手段。中水利用则是再生利用的主要方式，是缓解城市水资源短缺的有效途径，是开源节流的重要措施，是解决水资源短缺的最有效途径，是缺水城市势在必行的重大决策。中水也称为再生水，是指污水经适当处理后，达到一定的水质指标，满足某种使用要求，可以进行有益使用的水。和海水淡化、跨流域调水相比，中水具有明显的优势。从经济的角度看，中水的成本最低。从环保的角度看，污水再生利用有助于改善生态环境，实现水生态的良性循环。

现代城市雨水资源化是一种新型的多目标综合性技术，是在城市排水规划过程中通过规划和设计，采取相应的工程措施，将汛期雨水蓄积起来并作为一种可用资源的过程。它不仅可以增加城市水源，在一定程度上缓解水资源的供需矛盾，还有助于实现节水、水资源涵养与保护、控制城市水土流失。雨水利用是城市水资源利用中重要的节水措施，具有保护城市生态环境和增进社会经济效益等多方面的意义。

四、建筑材料节约设计

近年来，随着资源的日益减少和环境的不断恶化，材料和能源消耗量巨大的现代建筑面临的一个重要问题，是如何实现建筑材料的可持续发展，社会关注的一大课题是提高资源和能源的综合利用率。随着我国城市化进程的不断加快，我国的环境和资源正承受着越来越大的压力。根据相关资料，每年我国生产的多种建筑材料要消耗大量能源和资源，与此同时还要排放大量二氧化硫、二氧化碳等有害气体和各类粉尘。

目前我国的建筑垃圾处理问题、资源循环利用问题和资源短缺问题尤为严重。大拆大建现在多数城市建设中非常严重，建筑使用寿命低的问题更加突出。经济发达的国家在这方面比我们看得更远，在 20 世纪末就对节约建筑材料方面进行了大量研究，研究成果也在实践中得到广泛应用，社会普遍认同资源节约型建筑是一种可持续发展的环境观。比较成功的节约建材的经验主要有合理采用地方性建筑材料、应用新型可循环建筑材料、实现废弃材料的资源化利用等。

近年来，我国绿色建筑的实践充分证明，为片面追求美观而以巨大的资源消耗为代价，不符合绿色建筑中"节材"的基本理念。在绿色建筑的设计中应控制造型要素中没有功能作用的装饰构件的应用。其次，在建筑工程的施工过程中，应最大限度利用建设用地内拆除的或其他渠道收集得到的旧建筑的材料，以及建筑施工和场地清理时产生的废弃物等。延长这些材料的使用期，达到节约原材料、减少废物量、降低工程投资和减少由更新所需材料的生产及运输对环境产生不良影响的目的。

第六节 绿色建筑自然和谐性设计

绿色建筑在全球的发展：方兴日盛、星火燎原。其节能减排、可持续发展与自然和谐共生的卓越特性，使各国政府不竭余力的推动和推广绿色建筑的发展，也为世界贡献了一座座经典的建筑作品。其中很多都已成为著名的旅游景点，用实例向世人展示了绿色建筑的魅力。

绿色建筑是指在建筑的全寿命周期内，最大限度地节约资源（节能、节地、节水、节材），保护环境和减少污染，为人们提供健康、适用和高效的使用空间，与自然和谐共生的建筑。

所谓"绿色建筑"的"绿色"，并不是指一般意义的立体绿化、屋顶花园，而是代表一种先进的概念或现代的象征。绿色建筑是指建筑对环境无害，能充分利用环境自然资源，并且在不破坏环境基本生态平衡条件下建造的一种建筑，又可称为可持续发展建筑、生态建筑、回归大自然建筑和节能环保建筑等。

人与自然的关系主要表现在两个方面：一是人类对自然的影响与作用，包括从自然界索取资源与空间，享受生态系统提供的服务功能，向环境排放废弃物；二是自然对人类的影响与反作用，包括资源环境对人类生存发展的制约，自然灾害、环境污染与生态退化对人类的负面影响。由于社会的发展，使得人与自然从统一走向对立，由此造成了生态危机。因此，要想实现人与自然的和谐发展，必须重视自然的价值，理解自然，改变我们的发展观，逐步完善有利于人与自然和谐的生态制度，构建美好的生态文化，从而构建人与自然的和谐环境。人类活动的各个领域和人类生活的各个方面都与生态环境存在着某种联系，因此，我们要从多层次多角度方面来构建人与自然的和谐发展。

随着社会不断进步与发展，人们对生活工作空间的要求也越来越高。在当今建筑技术条件下，营造一个满足使用需要的，完全由人工控制的舒适的建筑空间已并非难事。但是，建筑物使用过程中大量的能源消耗和由此产生的对生态环境的不良影响，以及众多建筑空间所表现的自我封闭和与自然环境缺乏沟通的缺陷，都成为建筑设计中亟待解决的问题。人类为了永续自身的可持续发展，就必须使其各种活动，包括建筑活动及其产生的结果和产物与自然和谐共生。

建筑作为人类不可缺少的活动，旨在满足人的物质和精神需求，寓含着人类活动的各种意义。由此可见，建筑与自然的关系实质上也是人与自然关系的体现。自然和谐性是建筑的一个重要的属性，它表示人、建筑、自然三者之间的共生、持续、平衡的关系。正因为自然和谐性，建筑以及人的活动才能与自然一脉相连，才能以联系的姿态融入自然。这种属性是可持续精神的直接体现，对当代建筑的发展具有积极的意义。

世界著名的建筑大师长谷川逸子，就是从建筑设计的角度构建人与建筑与自然和谐的典范。自然是她建筑设计的永恒主题。"建筑本身是人工的产物，是一种破坏后的建立，是破坏自然的一种行为。"而这种破坏又无可避免地发生，于是"这项工作的实质就是怎样去建立一个破坏自然后的又一个自然，这是建筑设计的出发点，因为只有自然对人类永远是最合适的。"而她的建筑设计准则是：关于自然的建筑化观点用高科技的细节设计手段来表达自然和天地万物，从而蕴涵着对当代世界的灵活观点。

第七节　绿色建筑低耗高效性设计

据相关部门统计，我国 400 多亿平方米的城乡建筑中，有 98% 为高耗能建筑，新建的建筑群中有 95% 为高耗能建筑。人们在享受现代建筑文明和城市文明带来的快乐和满足的同时，也逐步意识到建筑给人类与自然所造成破坏的严重性。因此，建设资源节约型、环境友好型社会的要求，对于我国来讲就变得极为重要。

为了实现现代建筑能重新回归自然、亲和自然，实现人与自然和谐共生的意愿。专家和学者们提出了"绿色建筑"的概念，并且以低耗高效为主导的绿色建筑在实现上述目标的过程中，受到越来越多人的关注。随着低耗高效建筑节能技术的完善，以及绿色建筑评价体系的推广，低耗高效的绿色建筑时代已经悄然来临。

有关专家也认为："绿色建筑"是为人类提供健康、舒适的工作、居住、活动空间，同时最高效率地利用能源、最低限度地影响环境的建筑物。其中建筑节能是绿色建筑的核心内容，建筑节能的主要内容是减少能源、资源消耗，减少对环境的破坏，并尽可能的采用有利于提高居住品质的新技术、新材料。

所谓建筑能耗，国内外习惯理解为使用能耗，即建筑物使用过程中用于供暖、通风、空调、照明、家用电器、输送、动力、烹饪、给排水和热水供应等的能耗。在经济发达国家，建筑能耗约占总能耗的 30%~40%。这一比例的高低反映了一个国家的经济发展和人民生活水平。我国是最大的发展中国家，建筑能耗约占全国总能耗的 11.7%，而北方工区供暖就占了其中 80%。上海是我国经济最发达的地区之一，虽然该地区没有大面积的集中供暖。但根据有关专家的估算，上海的建筑能耗约占总能耗的 13.2%。随着我国的经济腾飞和气候变化，这一比例正不断攀升。

合理地利用能源，提高能源利用率，节约建筑能源是我国的基本国策。绿色建筑节能是指提高建筑使用过程中的能源效率。对于能耗与服务的关系，美国则很明显，需求越大，提供的服务越多能耗量也就越大。而斜线的斜率的倒数，就是能量转换效率。如果人们试图保持原来的能耗量来满足更大的需求，唯一的办法是减少服务曲线的斜率，即提高能源利用率。因此，设计人员和物业管理人员的责任就是提高能量效率，尽量使服务曲线平坦一些，而不是去抑制需求，降低服务质量。

在绿色建筑低耗高效性设计方面，可以采取如下技术措施。

一、 确定绿色建筑工程的合理建筑朝向

建筑朝向的选择涉及当地气候条件、地理环境和建筑用地情况等，必须全面考虑。选择建筑朝向的总原则是：在节约用地的前提下，要满足冬季能争取较多的日照，夏季避免过多的日照，并有利于自然通风的要求。从长期实践经验来看，南向是全国各地区都较为适宜的建筑朝向。但在建筑设计时，建筑朝向受各方面条件的制约不可能都采用南向。这就应结合各种设计条件，因地制宜地确定合理建筑朝向的范围，以满足生产和生活的要求。工程实践证明，住宅建筑的体形、朝向、楼距、窗墙面积比、窗户的遮阳措施等。不仅影响住宅的外在质量，同时也影响住宅的通风、采光和节能等方面的内在质量。作为绿色建筑应该提倡建筑师充分利用场地的有利条件，尽量避免不利因素，在确定合理建筑朝向方面进行精心设计。

在确定建筑朝向时，应当考虑以下几个因素：要有利于日照、天然采光、自然通风；

要结合场地实际条件，要符合城市规划设计的要求，要有利于建筑节能，要避免环境噪音、视线干扰；要与周围环境相协调，有利于取得较好的景观朝向。

二、 设计有利于节能的建筑平面和体型

建筑设计的节能意义包括建筑方案设计过程中遵守建筑节能思想，使建筑方案确立节能的意识和概念，其中建筑体形和平面形状特征设计的节能效应是重要的控制对象，是建筑节能的有效途径。现代生活和生产对能量的巨大需求与能源相对短缺之间日益尖锐的矛盾促进世界范围内节能运动的不断展开。

对于绿色建筑来说，"节约能源，提高能源利用系数"已经成为各行各业追求的一个重要目标，建筑行业也不例外。节能建筑方案设计有特定的原理和概念，其中建筑平面特征的控制是建筑节能研究的一个重要的方面。

建筑体形是建筑作为实物存在不可或缺的直接形象和形状，所包容的空间是功能的载体，除满足一定文化背景的美学要求外，其丰富的内涵令建筑师向往。然而，建筑平面体形选择所产生的节能效应，及由此产生的指导原则和要求却常被人们忽视。我们应该研究不同体形对建筑节能的影响，确定一定的建筑体形节能控制的法则和规律。

体积系数是目前常用的建筑体形控制指标之一。以体积系数来描述，物理意义是指围合建筑物室内单位体积所需建筑围护结构的面积。从节能建筑原理来讲，是用尽量小的建筑外表面积来围合尽量大的建筑内部单位体积。体积系数越小则意味着外墙面积越小，也就是能量流失途径越少，越具节能意义。

在体积相同的条件下，建筑物外表面面积越大，采暖制冷的负荷越大。测试结果表明：体积系数每增加 0.01，建筑能耗将增加 2.5%。因此，要采取合理的体积系数。我国有关规范对体积系数做了界限，居住建筑或类似建筑，以体积系数等于 0.3 为限值，当体积系数小于 0.3 时，对建筑节能带来有益的帮助，能为今后建筑实施节能目标提供有利条件。

三、 重视建筑日照调节和建筑照明节能

随着人类对能源可持续使用理念的重视，如何使用尽可能少的能源而获得最佳的使用效果已成为各个能源使用领域内越来越关注的问题。照明是人类使用能源最多的领域之一，如何在照明这一领域内实现使用最少的能源而获得最佳的照明效果无疑是一个具有重大理论意义和应用价值的课题。绿色照明的概念也在此基础上提出，并成为照明设计领域内十分重要的研究课题。

现行的照明设计主要考虑被照面上照度、眩光、均匀度、阴影、稳定性和闪烁等照明技术问题。而健康照明设计不仅要考虑这些问题，而且还要处理好紫外辐射、光谱组成、光色和色温等对人的生理和心理的作用。为了实现健康照明，除了研究健康照明设计方法和尽可能做到技术与艺术的统一外，还要研究健康照明概念、原理，并且要充分利用现代

科学技术的新成果，不断研究出高品质新光源，同时要开发出采光和照明新材料、新系统，充分利用天然光，节约能源，保护环境，使人们身心健康。

在住宅建筑的建筑能耗中，照明能耗占了相当大的比例，因此要注意照明节能。考虑到住宅建筑的特殊性，套内空间的照明受居住者个人行为的控制，一般不宜过多干涉，因此不涉及套内空间的照明。住宅公共场所和部位的照明主要受设计和物业管理的控制，作为绿色建筑必须强调公共场所和部位的照明节能问题。因此，在公共场所和部位应采用高效光源和灯具，采取可靠的节能控制措施，并特别注意增加公共场所的自然采光。有关专家测算，如果全国所有的商场、会议中心等公共场所白天全部采用自然光照明，可以节约用电量约 $820 \times 108 kW \cdot h$。即使其中只有 10% 做到这一点，每年仍可节约用电量 $82 \times 108 kW \cdot h$，相应减排二氧化碳 $787 \times 104 t$。

在我国现代社会的构建和发展中，环保节能理念已逐渐家喻户晓，各行业、各领域都加强了对于节能技术的研究和应用。在我国民用建筑建设中，电气照明的技术发展必须坚持环保、安全、高效的趋势，进而才能满足现代社会及我国建筑行业的长期发展要求。

四、 采用资源消耗和环境影响小的结构

人和自然和谐相处，是构建和谐社会的一个重要和基础性的组成部分，也是贯彻落实科学发展观的一个组成部分。要解决好经济发展和保护环境之间的矛盾，最主要的是要全面贯彻落实科学发展观。实现人与自然的和谐发展，首先要科学认识自然，尊重自然规律。恩格斯早就警告过我们，不要再做那些可能引起大自然惩罚的蠢事。以牺牲生态和环境，过度消耗资源为代价来发展，这是一种粗放型经济的发展模式的主要表现。绿色建筑追求的是资源消耗少、环境影响最小的情况下求发展。

目前，我国住宅建筑结构体系主要有砖混凝土预制板混合结构、现浇混凝土框架剪力墙结构和混凝土框架结构，轻钢结构近年来也有一定发展。就全国范围而言，砖一混凝土预制板混合结构仍占主要地位，约占整个建筑结构体系的 70%，钢结构建筑所占的比重还不到 5%。绿色建筑应从节约资源和环境保护的要求出发，在保证安全、耐久的前提下，尽量选用资源消耗和环境影响小的建筑结构体系，主要包括钢结构体系、砌体结构体系及木结构、预制混凝土结构体系。

砖混结构、钢筋混凝土结构体系所用材料在生产过程中大量使用黏土、石灰石等不可再生资源，对资源的消耗很大，同时会排放大量 CO_2 等污染物。钢铁、铝材的循环利用性好，而且回收处理后仍可再利用。含工业废弃物制作的建筑砌块自重轻，不可再生资源消耗小，同时可形成工业废弃物的资源化循环利用体系。

五、 按照国家规定充分利用可再生资源

人口、资源和环境已成为 21 世纪世界各国经济和社会发展难以解决的三大突出问题，

而核心是资源问题，特别是不可再生资源的可持续利用问题。目前，我国经济发展进入非常关键的调整时期，能源资源特别是不可再生资源是中国完成全面建设小康社会和社会经济可持续发展的重要物质基础。近些年来，中国经济经历快速强劲发展，对不可再生资源的需求也越发急切，伴随着经济快速发展不断暴露出对不可再生资源需求的压力。实现不可再生资源的可持续利用是我国经济持续快速发展的战略目标。

我国对于充分利用可再生资源非常重视，在《可再生能源发展 "十二五"规划》中强调指出："可再生能源是能源体系的重要组成部分，具有资源分布广、开发潜力大、环境影响小、可持续利用的特点，是有利于人与自然和谐发展的能源资源。当前，开发利用可再生能源已成为世界各国保障能源安全、加强环境保护、应对气候变化的重要措施。随着经济社会的发展，我国能源需求日益增长，能源资源和环境问题日益突出，加快开发利用可再生能源已成为我国应对日益严峻的能源环境问题的必由之路。"

在《中华人民共和国可再生能源法》中的第二条指出："本法所称可再生能源，是指风能、太阳能、水能、生物质能、地热能、海洋能等非化石能源"。第十二条指出："国家将可再生能源开发利用的科学技术研究和产业化发展列为科技发展与高技术产业发展的优先领域，纳入国家科技发展规划和高技术产业发展规划，并安排资金支持可再生能源开发利用的科学技术研究、应用示范和产业化发展，促进可再生能源开发利用的技术进步，降低可再生能源产品的生产成本，提高产品质量。"第十七条指出："国家鼓励单位和个人安装和使用太阳能热水系统、太阳能供热采暖和制冷系统、太阳能光伏发电系统等太阳能利用系统。"根据目前我国再生能源在建筑中的实际应用情况，比较成熟的是太阳能热利用。太阳能热利用就是用太阳能集热器将太阳辐射能收集起来，通过与物质的相互作用转换成热能加以利用。目前，太阳能热利用主要分为两个层次：一是太阳能的中低温应用。包括太阳能热水器、太阳能采暖、太阳能干燥和太阳能工业余热等低于100℃的太阳能热利用领域；二是太阳能中高温应用。包括太阳能工业加热、太阳能空调制冷和太阳能光热发电等高于100℃以上的太阳能热利用领域。太阳能热水器与人民的日常生活密切相关，其产品具有环保、节能、安全、经济等特点，太阳能热水器的迅速发展将成为我国太阳能热利用的 "主力军"。

六、 物业公司采取严格的管理运营措施

在绿色建筑日常的运行过程中，要想实现建筑节能高效的目标，必须采取严格的管理措施，这是建筑节能的制度保障。物业管理公司是专门从事地上永久性建筑物、附属设备、各项设施及相关场地和周围环境的专业化管理的。为业主和非业主使用者提供良好的生活或工作环境的，具有独立法人资格的经济实体。

在国务院颁布的《物业管理条例》第二条中指出："本条例所称物业管理，是指业主通过选聘物业服务企业，由业主和物业服务企业按照物业服务合同约定，对房屋及配套

的设施设备和相关场地进行维修、养护、管理，维护物业管理区域内的环境卫生和相关秩序的活动。"这条规定既明确了物业管理企业的性质，也明确了物业管理企业的职责。物业管理企业在实现建筑节能方面，应根据所管理范围的实际情况，提交节能、节水、节地、节材与绿化管理制度，并说明实施效果。在一般情况下，节能管理制度主要包括：业主和物业共同制定节能管理模式，分户、分类的计量与收费，建立物业内部的节能管理机制，节能指标达到设计要求的措施等。

第五章　建筑的艺术性与设计

在人类文明发展的历史长河中，建筑艺术不仅是人类文化总体的重要组成部分，更是文化的载体，是记载着人类文化发展的"石头的史诗"。目前，建筑无论作为一种社会文化现象或是美学现象，还是作为集实用性与艺术性为一体的综合艺术，都已成为人类生活中必不可缺的一部分。它既要满足人们实用功能的需要，也要满足人们精神需求及审美意识的需要。建筑物既不像普通的构筑物那样只具有物质实用性，也不像文学、绘画、音乐和电影那样主要具有精神性，而是齐头并进，是物质与精神的统一。建筑的艺术性，体现在它的创造性、唯一性和唯美性方面，也体现在时尚性、形式美、创作手法以及设计风格上，建筑艺术设计应力求建筑造型和内部空间美观新颖，符合人的审美需求。

第一节　形式美法则

经过长期探索，人们摸索出一些基本的形式美创作的规律，作为建筑艺术创作所遵循的准则，沿用至今（虽然建筑美学的内涵在今天已经更为丰富），这些法则包括：

一、变化与统一

变化与统一是指作品的内涵和变化虽极为丰富，但不显杂乱，特点和艺术效果突出。反映在设计上，有如下一些类型：

①色彩的变化统一，如俄罗斯红场的伯拉仁内教堂。

②几何形的变化统一，如日本的一家公司的"螺旋大楼"临街立面。

③造型风格的变化统一，如黄鹤楼。

④建筑形体与细部尺度的变化统一。

⑤材料的变化统一。

二、对比与协调

对比是将对立的要素联系在一起，协调是要求它们产生对比效果而并非矛盾与混乱。设计会追求协调的效果，将所有的设计要素结合在一起去创造协调，但缺少对比的协调易流于平淡。对比与协调手法的要点是同时采用相互对立的要素，使其各自的特点通过对比相得益彰。但在量上必须分清主次，一般是占主导地位的要素提供背景，来衬托和突出分量少的要素。

①色彩对比。

②材料质地对比，如天然的材料与人造材料对比，光洁与粗糙、软与硬的对比等。

③造型风格对比，如曲直对比、虚实对比、简繁对比、几何形与随意形的对比等。

三、对称

设计对象在造型或布局上有一对称轴，轴两边的造型是一致的。对称的形象给人稳定、完美和严肃的感觉，但易显得呆板。重要建筑、纪念性建筑或建筑群的设计常用对称的形式。

四、均衡

均衡是不对称的平衡，均衡使设计对象显得稳定，又不失生动活泼。

均衡主要是指建筑物各部分前后左右的轻重关系，使其组合起来可给人以视觉均衡和安定、平稳的感觉。稳定是指建筑整体上下之间的轻重关系，给人以安全可靠、坚不可摧的效果。要达到建筑形体组合的均衡与稳定，应考虑并处理好各建筑造型要素给人的轻重感。一般来说，墙、柱等实体部分感觉上要重一些，门、窗、散廊等空虚部分感觉要轻一些。材料粗糙的感觉要重一些，材料光洁的感觉要轻一些，色暗而深的感觉上要重一些，色明而浅的感觉要轻一些。此外，经过装饰或线条分割后的实体相比没有处理的实体，在轻重感上也有很大的区别。

五、比例

比例是研究局部与整体之间在大小和数量上的协调关系。比是指两个相似事物的量的比较，而比例是指两个比的相等关系（如黄金比），见图5-1。

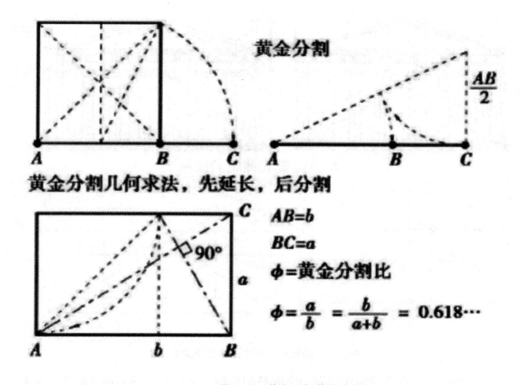

图 5-1 黄金比与黄金分割

古希腊人认为：某些数量关系表明了宇宙的和谐。他们发现在人体比例中，黄金分割起着支配性作用，认为人类或其供奉的庙宇都属于高级的宇宙秩序。因此人体的比例关系也应体现在庙宇建筑中，雅典帕提农神庙即是典型代表，见图 5-2。

比例还能决定建筑物、建筑块体的艺术性格。如一个高而窄的窗与一个扁而长的窗，虽然二者的面积相同，但由于长与宽的比例不同。使其艺术性格不同：高而窄的窗神秘、高贵，扁而长的窗开阔、平和。

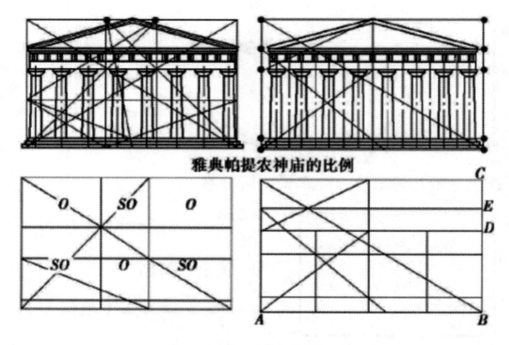

图 5-2　帕提农神庙立面的比例关系

维特鲁威曾指出，人体结构包含着一个完整均衡的比例关系，希腊神庙的比例关系是以人体结构的比例关系为原型的。在自然数中，10 和 6 或 16 常被希腊人作为完全数，用以确立模度系统。"10"之所以是完全数，因为人的双手共 10 指，又因为人的身高是脚长的 6 倍，一只手臂是 6 个手掌的长度等，所以，6 也是完全数。10 与 6 相加得 16，16 是最完全的数。希腊神庙的比例关系，一般是对这三个完全数进行等分、倍分和加减获得的。古希腊人从男子与女子身材的不同比例引发的不同美感出发，设计了多立克式、爱奥尼亚式和柯林斯式三种形式。

多立克柱式柱头粗壮，檐部笨重，雄强的柱身拔地而起。按照维特鲁威的说法，它是以男子的身高和脚的比例（即 7：1）为依据而建造的，显示出"男子体形的刚劲和优美"。爱奥尼亚柱式柱身纤细，檐部较轻，有涡卷精巧柔和的柱头和看似有弹性的柱础，薄浮雕强调线条，表现出女性清秀柔美的体态与性格。柯林斯柱式则是从少女身材的比例转化而来，显得更为修长、纤细，柱头装饰性较强的重叠的卷叶，使人联想到少女的风姿。

建筑比例的选择应注意使各部分体形各得其所、主次分明，局部要衬托与突出主体，各部分形体要协调配合，形成有机的整体。正确的做法是：主体、次体、陪衬体和附属体等应各有相适应的比例，该壮则壮，该柔则柔，该高则高，该低则低，该挺则挺，该缩则缩，这是在运用比例时如何取得协调统一应注意的原则。建筑比例的选择，还应与使用功能相结合。

应当在使用功能与美的比例之间寻找到恰当的结合点。如门的比例与形状，要根据用途来设计。如果是一队武士骑马出征，又或是他们凯旋时，门道就必须宽敞而高大，足以让长矛和旗帜通过。因此，法国巴黎凯旋门就建造得高大壮观。而人们日常居住的门，则需选取适于人出人并与居室相配的比例和尺度，不能建得过于宽大，而应追求适度与和谐之美。

六、尺度

尺度这一法则要求建筑应在大小上给人真实的感觉。大尺度给人的感染力更强，但其大小要通过尺子才能衡量，人们常用较熟悉的门窗和台阶等作为尺子去衡量未知大小的建筑，如果改变这些尺子的大小，会同时改变人对建筑大小的正确认识。例如同样面积的外墙，左图看上去是一幢大的建筑，而右边却显现为一幢小的建筑，虽然两墙的面积大小一样（图 5-3）。这一法则同时要求建筑的空间和构件等，其大小尺度应符合使用者。例如在幼儿园里，无论什么尺度都应较成人的更小，才适合儿童使用。

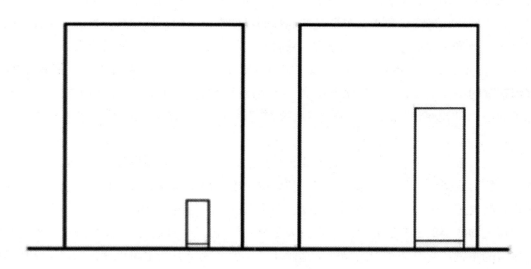

图 5-3　以"门"作为尺子获得的不同尺度感

大的尺度使建筑显得巍峨壮丽，多用于纪念性建筑和重要建筑；小的以及人们熟悉的尺度用于建筑，会让人感到亲切。风景区的建筑也当采用小体量和小尺度，争取不煞风趣，不去本末倒置地突出建筑。

尺度在整体上表现人与建筑的关系，建筑可分为三种基本尺度：自然的尺度、亲切的尺度，超人的尺度。

自然的尺度是一种能够契合人的一定生理与心理需要的尺度，如一般的住宅、厂房和商店等建筑的尺度。它注重满足人生理性、实用性的功能要求，有利于人的生活和生产活动。具有这种尺度的建筑形式，给人的审美感受是自然平和。例如，中国传统建筑的基本形式院落住宅就体现出了"便于生"的自然尺度。从庭院住宅的设计理念上看，首先考虑的是适合人居住的实用功能。所以，庭院住宅在尺度与结构上都保持着与人适度的比例，就连门、窗等细小部件，也总是与人体保持着适形、适宜的尺寸。置身于这种宁静温馨的庭院住宅中，会给人心旷神怡之感。

亲切的尺度是一种在满足人的某种实用功能的同时，更多地具有审美意义的尺度。通常这类建筑内部空间比较紧密，向人展示出比它实际尺寸更小的尺度感，给人以亲切、宜人的感觉。这是剧院、餐厅和图书馆等娱乐、服务性建筑喜欢使用的尺度。如一个剧院的乐池，在不损害实用性功能的前提下，可以设计得比实际需要的尺寸略小些。这样，可增加观众与演出人员之间的亲切感，使舞台、乐池与观众席之间的情感联系更为密切。

超人的尺度即夸张的尺度。这种尺度常用在三类建筑上：纪念性建筑、宗教性建筑和官方建筑。建筑物向人展示出超常的宏壮，使人面对它或置身其中的时候，感到一种超越自身的、外在的庞大力量的存在。在一些纪念性建筑上，人们往往试图通过超人尺度的建构，使建筑的内外部空间形象显得尽可能高大，以示崇高，并达到撼人的效果。在一些宗教性建筑上，高大的建筑形象、夸张的尺度比例，在于对神和上帝的肯定。如西方中世纪建筑的典型代表哥特式教堂，可谓是按照神的尺度来建造的，具有高、直、尖和强烈向上的动势。哥特式教堂的尺度极为夸张，从教堂中厅的高度看，德国的科隆大教堂中厅高达48m。从教堂的钟塔高度看，德国的乌尔姆市教堂高达161m。这类教堂的顶上都有锋利的、直刺苍穹的小尖顶。在一些奴隶制社会、封建制社会与资本主义社会的官方建筑上，其所运用的超人的建筑形式尺度，在于体现统治阶级的意志，象征统治者地位与权力的至高无上。

总之，自然的尺度意味着建筑形式平易近人，偏于实用性和理智性。亲切的尺度更注重建筑的形式美，其特点是温馨可亲。超人的尺度突出了建筑的宏伟壮观，能使人产生崇高感或敬畏感。所以，不同的建筑尺度，能给人以不同的精神影响。

建筑物的美离不开适宜尺度，而"人是万物的尺度"，以人的尺度来设计和营造始终是建筑的主题。建筑艺术中的尺度又是倾注了人的情感色彩的主观尺度，它已不是单纯的几何学或物理学中那种用数字直接显示的客观尺度。也就是说，"人必须与建筑物发生联系，并把自己的情感投射到建筑物上去，建筑美的尺度才能形成"。所以，建筑美的尺度包含着两个方面属性，既有客观的物理的量，又有主观的审美感受。

七、节奏

节奏是机械地重复某些元素，产生动感和次序感，常用来组织建筑体量或构件（如阳台、柱子等）。

八、韵律

韵律是一种既变化又重复的现象，饱含动感和韵味。

第二节 常用的一些建筑艺术创作手法

一、仿生或模仿

仿生是模拟动植物或其他生命形态来塑造建筑。模仿是通过仿制的方法来塑造建筑。

二、造型的加法和减法

可通过"加法"与"减法"来创造建筑形态。"加法"是设计时对建筑体量和空间采用逐步叠加和扩展的方法。而减法是对已大体确定的体量或空间，在设计时逐步进行删减和收缩的方法。两种方法同时使用，可使建筑形式产生无穷变化。

三、母题重复

母题重复的特点是将某种元素或特征反复运用，不断变化，不停地强调，直至产生强烈的特征。这些元素可大可小，还可以是片段等，变化丰富而又效果统一。

四、基于网格或模数的统一变化

基于网格或模数的统一变化，是借助单一的元素，通过多样组合产生丰富变化，同时又保持其特性。这个方法与母题重复不一样，其特点是重复时元素的大小不变。

五、错位

在建筑造型、建筑表面或在人对建筑认知习惯上的错位，会给人新奇的印象。

六、象征和寓意

象征就是用具体的事物表达抽象的内容，例如柏林犹太人纪念馆和美国的越战纪念碑，又如用莲花代表佛学和佛教。而寓意是指寄托或隐含某些意义于建筑，例如南京中山陵，其总平面图设计用警钟造型来提示某种精神追求，又寓意警钟长鸣，应革命不止。

柏林犹太人纪念馆的平面造型，出自"二战"前许多著名犹太人在柏林的住处的分布图形，既象征着已被战争毁掉的过去，也与场地能很好地协调。美国越战纪念碑造型，按照设计师的解释，像是地球被战争砍了一刀，象征着战争在人们心中造成的不可治愈的伤痕。

七、缺损与随意

这种手法打开了人们的想象空间，激发了人们欲将其回归完美的冲动，使作品有了更丰富的内涵。

八、扭曲与变形

这种手法带有夸张的成分，是设计师对建筑造型独辟蹊径的尝试，它拓展了人们对建筑艺术新的认知。

九、分解重组

例如美国新奥尔良的意大利广场，将典型的古罗马建筑的元素提取出来，作为符号组装进现代建筑之中，形成既传统又现代的风格。再如法国拉维莱特公园的设计，先将公园的功能分解为点（公园附属的配套设施）、线（各种交通线）和面（如水面，硬化地面和绿化地面等）的独立系统，分别进行理想化的、追求完美的设计。随后将三个系统叠加组合起来，使之产生偶然或矛盾冲突的非理性效果。对于公园里的 50 个配套设施建筑"点"，也是将简单几种造型分解后，再重新组合，使用不多的构件类型，就能组合变化出万千建筑造型。

十、表面肌理设计

建筑的表面肌理类似建筑的外衣，是建筑形象的重要组成要素。肌理塑造的优劣与否，新颖与否，直接影响建筑的艺术效果。

十一、对光影的塑造

光照以及阴影，能使建筑内部空间和外立面产生特殊的氛围和效果，这些效果是设计师刻意去塑造、去追求的。

十二、渐变

渐变是指建筑的某些基本形或元素逐渐地变化，甚至从一个极端微妙地过渡到另一个极端。渐变的形式给人很强的节奏感和审美风趣。

第三节　建筑的风格流派

建筑的艺术性也体现在各种设计风格与流派方面，例如现代主义和后现代派就有以下一些有代表性的风格流派：

一、功能派

其特点是凭借纯几何体，以及混凝土、钢筋与玻璃（特别是模板痕迹显露的素混凝土外观），使建筑物形象及材料样貌清晰可见。功能派认为，"建筑是住人的机器"和"装饰就是罪恶"，推崇"少就是多"，代表作有萨伏耶别墅等。

二、粗野主义

粗野主义是以比较粗的建筑风格为代表的设计倾向。其特点是着重表现建筑造型的粗扩、建筑形体交接的粗鲁、混凝土的沉重和毛糙的质感等，并将它们作为建筑美的标准之一。

三、高技术派

高技术派的作品着力突出当代工业技术成就，崇尚"机械美"。在室内外故意暴露梁板、网架等结构构件以及风管、线缆等各种设备和管道来突出工艺技术与时代感。例如法国巴黎蓬皮杜国家艺术与文化中心。

五、典雅主义

典雅主义的特点是吸取古典建筑传统构图手法，比例工整严谨，造型简练精致，通过使用传统美学法则来使现代的材料与结构产生规整、端庄和典雅的美感。

五、白色派

作品以白色为主，具有一种清新脱俗的气派和明显的非天然效果，对纯净的建筑空间、体量和阳光下的立体主义构图和光影变化十分喜爱。

六、后现代

建筑的"后现代"是对现代派中理性主义的批判，主张建筑应该具有历史的延续性，但又不拘于传统，而不断追求新的创作手法，并讲求"人情味"。后现代常采用混合、错位、叠加或裂变的手法，加之象征和隐喻的手段，去创造一种融感性与理性、传统与现代、行家与大众于一体的、"亦此亦彼"的建筑形象。

第四节　建筑艺术语言的应用

建筑艺术是运用一定的物质材料和技术手段，根据物质材料的性能和规律，并按照一定的美学原则去造型，创造出既适宜人类居住和活动，又具有一定观赏性的空间环境艺术。也可以说，建筑是人类创造的，供人类进行生产活动、精神活动、生活休息等的空间场所或实体。

建筑艺术是实用与审美、技术与艺术的统一，即是一种协调了实用目的和审美目的的人造空间，是一种活的、富有生机的意义空间。

"建筑是一种造型艺术，所以它有着'面'和'体'（体形和体量）的形式处理这样的艺术语言；它又与同属造型艺术的绘画、雕塑不同，具有中空的空间（或在室内，或在许多单体围合成的室外），所以又拥有了空间构图的艺术语言；人们欣赏建筑是一个动态的历时性过程，因此建筑又有时间艺术的特性，拥有群体组合（多座建筑的组合或一座建筑内部各部分的组合）的艺术语言；建筑又可以结合其他艺术形式，如壁画、雕塑、陈设、山水、植物配置以至文学等，共同组成环境艺术，所以又拥有环境艺术的语言。"正是建筑艺术的诸多语言要素，共同构成了建筑艺术的造型美。

一、体形与体量

建筑是由基本块体构成体形的，而各种不同块体具有不同性质。如圆柱体由于高度不同便具有了不同的性格特征：高瘦圆柱体向上、纤细高圆柱体挺拔、雄壮；矮圆柱体稳定、结实。卧式立方体的性格特征主要是由长度决定的：正方体刚劲、端庄；长方体稳定、平和。又如：立三角有安定感，倒三角有倾危感，三角形顶端转向侧面则有前进感，高而窄的形体有险峻感，宽而平的形体则有平稳感。高明的建筑师可以通过巧妙地运用具有不同性格的体块，创造出建筑物美而适宜的体形。

中西方在建筑造型上有着明显的不同。"以土木为材的中国传统建筑，体形组合多用曲线，群体组合在时间上展开，具有绘画美。西方建筑多用石材，体形组合多用直线，单体建筑在纵向上发展，建筑造型突出，具有雕塑美。中国建筑的出发点是'线'，完成的是铺开的'群'，组成群体的亭、馆、廊、榭等都是粗细不一的'线'，细部的翼檐飞角也是具有流动之美的曲线，这样围合的建筑空间就像是一幅山水画，作为界面的墙就是这画的边框。西方建筑的出发点是"面"，完成的是团块的'体'，几何构图贯穿着它的发展始终。所以，欣赏西方建筑，就像是欣赏雕刻，首先看到的是一个团块的体积，这体积由面构成，它本身就是独立自足的，围绕在它的周围，其外界面就是供人玩味的对象。"

虽然中国传统的群体建筑与西方传统的单体建筑在形体组合上各有特点，但强调和注重形体组合则是共通的。

体形组合的统一与协调是建筑体形构成的要点。一幢建筑的外部体形往往由几种或多种体形组合，这些被组合在一起的不同体形，必须经过形状、大小、高矮、曲直等的选择与加工，使彼此相互协调；然后按照建筑功能的要求和形式美的规律将其组合起来，使它们主次分明、统一协调、衔接自然、风格显著。如意大利文艺复兴时期的经典建筑圣马可教堂与钟塔便显示了这种特性。拜占庭建筑风格的圣马可教堂，其平面为希腊十字形，有五个穹隆，中央和前面的弯隆较大，直径为12.8m，其余三个较小，均通过帆拱由柱墩支撑；内部空间以中央弯隆为中心，穹隆之间用筒形拱连接，大厅各部分空间相互穿插，连成一体。在它前面的是著名的圣马可广场，见图5.69。广场曲尺形相接处的钟塔，其高算的形象起着统一整个广场建筑群的作用，既是广场的标志，也是威尼斯市的标志，教堂与钟塔形成对比统一，相得益彰。

体量是指建筑物在空间上的体积，包括建筑的长度、宽度、高度。建筑体量一般从建筑竖向尺度、建筑横向尺度和建筑形体三方面提出控制引导要求，一般规定上限。体量的巨大是建筑不同于其他艺术的重要特点之一。同时，体量大小也是建筑形成其艺术表现力的根源。许多建筑，如埃及的金字塔、法国的埃菲尔铁塔，以及我国广州的琵琶洲国际会展中心，其庞大的体量给人强烈的视觉冲击力。如果这些建筑体型缩小，不仅减小了量，同时也影响了质，给人心灵的震撼和情绪上的感染必然也会减弱。建筑给人的崇高感正是由建筑特有的体量、形状所决定的。

建筑体量的控制应考虑地块周边环境。以北京天安门广场上的建筑为例，天安门城楼、人民大会堂、国家博物馆、毛主席纪念堂、人民英雄纪念碑等建筑的体量都很巨大，但在开阔的天安门广场上却没有大而不当的感觉，建筑体量与所处空间的大小有了很好的呼应。与天安门广场相连的东西长安街上的建筑体量也较巨大，这一方面是因为大体量建筑可以很好地体现北京作为国家政治中心的庄严形象，另一方面也是由于建筑要与整个北京恢宏大气的城市格局相协调。有学者强调："体量之大并不是绝对的，体量的适宜才是最重要的。强调超人神性力量的欧洲教堂都有大得惊人的体量；而显示中国哲学的理性精神和人本主义、注重其尺度易于为人所衡量和领会的中国建筑，体量都不太大。至于园林建筑和住宅，更注重于追求小体量显出的亲切、平易和优雅。"

二、空间与环境

建筑与空间性有着密切的关系。空间的形状、大小、方向、开散或封闭、明亮或黑暗等，都有不同的情绪感染作用。开阔的广场表现宏大的气势令人振奋，而高墙环绕的小广场给人以威；明亮宽阔的大厅令人感到开朗舒畅，而低矮昏暗的庙宇殿堂，就使人感觉压抑、神秘；小而紧凑的空间给人以温馨感，大而开散的空间给人以平和感，深遂的长廊给人以期待感。高明的建筑师可以巧妙地运用空间变化的规律，如空间的主次开阖、宽窄、隔连、渗透、呼应、对比等，使形式因素具有精神内涵和艺术感染力。

建筑艺术是创造各种不同空间的艺术，它既能创造建筑物外部形态的各式空间，又能创造出建筑物丰富多样的内部空间。建筑像一座巨大的空心雕刻品，人可以进入其中并在行进中感受它的效果，而雕塑虽然可以创造出各种不同的立体形象，但是不能创造出能够使用的内部空间。建筑空间有多种类型，有的按照建筑空间的构成、功能、形态，区分为结构空间、实用空间、视觉空间；有的按照建筑空间的功能特性，区分为专用空间（私属空间）及共享空间（社会空间）；有的按照建筑空间的形态特性，区分为固定空间、虚拟空间及动态空间；而更普遍的区分方法则是按照建筑空间的结构特性，将其分为内部空间或室内空间、外部空间或室外空间。内部空间是由三面——墙面、地面、顶面（天花、顶棚等）等具有各种使用功能的房间。外部空间是没有顶部遮盖的场地，它既包括活动的空间（如道路、广场、停车场等），又包括绿化美化空间（如花园、草坪、树木丛带、假山、喷水池等）。"当代建筑在空间处理上，使室内、室外空间互相延伸，如采用柱廊、落地窗、阳台等，既有分隔性，又有连续性，增加了空间的生机。"

建筑空间的艺术处理，是建筑美学的重要部分。《老子》一书指出："凿户牖以为室，当其无，有室之用。"即开出门窗，有了可以进入的空间，才有房屋的作用，即室之用是由于室中之空间。建筑的空间处理，首先应能充分表达设计主题、宣染主题，空间特性必须与建筑主题相一致。比如，纪念建筑一般选择封闭的、具有超人尺度的纵深高空间，而不选择开散的、具有宜人尺度的横长空间，因为这种特性的空间适合休闲建筑或文化娱乐场馆，能给人一种自由、活泼、舒适的感觉，处理好主要空间与从属空间的关系，才能形成有机统一的空间序列。例如，广州的中山纪念堂，其内部空间构成就显示了突出的主从空间关系。八边形多功能大厅是主要空间，会议、演出、讲演均在这里进行。周围的从属空间，如休息廊、阳台、门厅、电器房、卫生间等，在使用性质上都是为多功能大厅服务的。多功能大厅空间最大、最高，处于中心位置，它的外部体量也最大、最高，也同样处于中心位置，统领其他从属建筑，而从属建筑又把主体建筑烘托得突出而又完美。另外，建筑空间是以相互邻接的形式存在的，相邻空间的边界线可采用硬拼接，以形成鲜明轮廓；也可以采用交错、重叠、嵌套、断续、咬合等方法组织空间，形成不确定边界和不定性空间。

此外，空间是以人为中心，人在空间中处于运动状态，是从连续的各个视点观看建筑物的，"观看角度在时间上延续的移位就给传统的三度空间增添了新的一度空间。就这样，时间就被命名为"第四度空间'。"人在运动中感受和体验空间的存在，并赋予空间以完全的实在性。所以，空间序列设计应充分考虑到人的因素，处理好人与空间的动态关系。

建筑一经建成就长期固定在其所处的环境中，它既受环境的制约，又对环境产生很大的影响。因此，建筑师的创作不像一般艺术家那样自由，他不是在一个完全空白的画布上创作，而是必须根据已有的环境、背景进行整体设计和构图。所以，建筑的成功与否，不仅在于它自身的形式，而且在于它与环境的关系。正确地对待环境，因地制宜，趋利避害，不仅给建筑艺术带来非凡的效果，而且给环境增添活力。倘若建筑与环境相得益彰，就会拓展建筑的意境，增强它的审美特性。我国园林建筑作为建筑与环境融为一体的典范，就特别善于运用"框景""对景""借景"等艺术语言。如北京的颐和园，就巧妙地把它背后的玉泉山以及远处隐约可见的西山"借过来"，作为自己园林景观的一部分，融入其空间造型的整体结构之中，使得其艺术境界更加广阔和深远。

自然环境的重要因素首推气候。在不同气候条件下的建筑有很大不同，充分体现出趋利避害的特点。如 E.D. 斯通 1958 年设计建造的印度新德里的美国大使馆，为了避免夏季太阳辐射大，设计成一个内向庭院，上方覆以铝制网罩，外围幕墙饰以精细的格栅，再加上外部环境的柱廊和大挑檐，不仅使建筑物在炎热的气候条件下能保持凉爽，而且又形成了华丽端庄的形象，与大使馆特有的性质和功能相吻合。

地形、地貌也是考虑环境时重要的因素，因地制宜才能使建筑与环境完美融合。如美国现代建筑家赖特 1936 年设计的流水别墅，地处美国宾夕法尼亚州匹茨堡附近的一个小瀑布上方，利用钢混结构的悬挑能力，使各层挑台向周围幽静的自然空间远远悬伸出去。平滑方正的大阳台与纵向的粗石砌成的厚墙穿插交错，在复杂微妙的变化中达到一种诗意的视觉平衡。室内也保持了天然野趣，一些被保留下来的岩石像是从地面破土而出，成为壁炉前的天然装饰，而一览无余的带形窗，使室内与四周茂密的林木相互交融，整座别墅仿佛是从溪流之上滋生出来的。巧妙地利用地形、地貌，使之与环境融为一体的建筑艺术精品还有很多，如澳大利亚的悉尼歌剧院、日本兵库县神户的六甲山集合住宅等，都是成功的范例。

建筑还要与人文环境有机融合。矗立在城市中的建筑应该考虑更多的历史因素与人文因素要和周围的建筑群协调一致，甚至要把路灯、街区、车站、人流等社会人文景象都要纳入建筑的整体空间构型之中。如贝聿铭 1968 年设计的波士顿海港大楼，它拥有斜方形平面，四个立面全部使用玻璃幕墙，能把整个城市街景全方位、广角度、动态地映现出来，效果美妙惊人。而这一设计，也促使玻璃幕墙被广泛应用。

建筑与环境的关系非常密切，"一般来说，建筑是环境艺术的主角，它不仅要完善自己，而且要从系统工程的概念出发，充分调动自然环境（自然物的形、体、光、色、声、嗅）、人文环境（历史、乡土、民俗）和环境雕塑、环境绘画、建筑小品、工艺美术、书法以至文学的作用，统率并协调它们，构成整体。"有了这样的综合考虑，处理好建筑与环境的关系，不仅可以突出建筑的造型美，而且还具有协调人与自然、人与社会和谐关系的精神功能。因此，建筑应充分与环境和景观结合，为人们提供轻松舒适、赏心悦目的氛围。

三、色彩与质地

色彩是建筑艺术语言的一个不容忽视的要素，建筑外部装修色彩的历史悠久。我国是最早使用木框架建造房屋的国家，为保护木构件不受风雨的侵蚀，早在春秋时期就产生了在建筑物上进行油漆彩绘的形式。工匠们用浓艳的油漆在建筑物的梁、坊、天花、柱头、斗拱等部位描绘各种花鸟人物、吉祥图案，用来美化建筑和保护木制构件。这种绘饰的方法，奠定了我国建筑色彩的基础。

人类对建筑色彩的选择，不仅有美化与实用的因素，而且与社会制度、宗教信仰、风俗习惯及人的精神意志密切相连。尤其值得重视的是建筑色彩的民族性与象征性。"我国有50多个民族，各民族所喜欢的色彩并不一致。汉族喜欢红色、黄色、绿色，长期把它们使用在全国的宫殿、庙宇及其他公共建筑物上。信奉伊斯兰教的少数民族，如维吾尔族、哈萨克族、回族等，却喜欢蓝色、绿色、白色、金色，把这些色彩使用在清真寺上。藏族喜欢白色、红褐色、绿色和金色，同样把它们使用在庙宇和塔上。"建筑色彩还具有一定的符号象征性，如天安门及中南海四周的红色围墙，象征着中央政权；南京中山陵与广州中山纪念堂的蓝色屋顶，象征着革命先行者孙中山所举过的旗帜；故宫建筑群的黄色琉璃瓦顶，象征着至高无上的皇权；天坛祈年殿的三层蓝色顶盖，则是皇权的证明。

建筑色彩的选择应考虑到多方面的因素：

第一，要符合本地区建筑规划的色调要求（我国很多城市都有城市色彩专项规划）。统一规划的建筑色调，会使建筑的色彩协调而不零乱，呈现出和谐的整体美。

第二，建筑物的外部色彩要与周围的环境相协调。首先，要与自然环境相协调。在这方面，澳大利亚悉尼歌剧院就是成功的范例。歌剧院位于悉尼港三面临海、环境优美的便利朗角（Bennelong Point）上。为了使它与海港整体气氛相一致，建筑师在设计这座剧院的屋顶时选择了四组巨大的薄壳结构，并全部饰以乳白色贴面砖。远远望去，宛如被鼓起的一组白帆，又像一组巨大的海贝，在阳光下闪烁夺目、熠熠生辉，与港湾的环境十分和谐。其次，要与人工环境相协调。建筑色彩的选择应考虑与周围其他人工建筑的色彩协调。如曲阜的里宾舍，紧靠知名度极高的孔庙，为了取得风格与色彩上的协调一致，建筑物的外形采用了传统风格，并以我国传统民居的灰色、白色为基调，选用青砖灰瓦。整体建筑朴实无华、素雅明朗，与整体环境相当协调。但是，反面的事例我们也常能见到。近些年，许多人在风景名胜区大建楼堂馆所，在古建筑群中建现代高层建筑，这无疑是对周围环境的一种破坏。

第三，要根据建筑物的功能性质，选择与其相协调的色彩。建筑的内部装修色彩与人的关系更为密切，能对人的心理产生影响，甚至能影响人的生活质量和工作效率。例如，工厂中的色彩调节就十分重要，我国有一家纺织厂就利用色彩调节的原理改造厂区，获得了很大的成功。他们选用天蓝色作为生产车间墙壁、机器设备的主调，在棉花与纺线的相映之下，宛如蓝天白云，使人产生置身大自然的美好感受。同时，车间地板被涂成铁锈红色，进一步增添了温暖亲切的气氛，较大地提高了生产效率。可见，室内装修色彩的合理使用，不仅能美化室内环境，而且能使人心情舒畅，并有利于人的潜在能力的发挥。

所以，建筑色彩要符合建筑的功能特性。如医院的门诊部应使用给人清洁感的色彩，手术室内最好采用血液的补色蓝绿色为基本色调。俱乐部、小学、幼儿园等不宜选用冷色调，应该采用明快的暖色调。饭店的不同用色可以创造出不同的风格，一般来说，大型宴会厅可选用色彩度较高的颜色，如恰当地运用暖色调可达到富丽堂皇的效果；而供好友聚会小酌的小餐室，以选用较为柔和的中性色为宜，有利于营造温馨优雅的浪漫氛围。商店的室内色彩与商品有着极为密切的关系，在考虑色彩的配置时，要注意突出商品的性能及特点。有些商品貌不引人，就应在背景色彩及放置的方法、位置上多下功夫。有些商品本身包装就十分华美醒目，背景色就要尽量单纯一些，以免喧宾夺主。此外，装修店铺的门面时，店铺若是老字号，室内及门面的色调就应以传统色彩为主，追求古朴典雅的风格，可选用深棕、枣红等作为商店的主色调，也可选用原木制品。而经营现代工业产品的商店，可以选用明快浅淡的色彩为主，如银灰、米黄、乳白色等，以突出现代风格。

与建筑色彩关系密切的还有材料所造成的建筑形式。建筑材料不同，建筑形式给人的质感就不同。石材建筑的质感偏于生硬，给人以冷峻的审美感受；木材建筑的质感偏于熟软，给人以温和的审美感受；金属材料的建筑闪光发亮，富有现代情趣；玻璃材料的建筑通体透明，给人以晶莹剔透之美。所以，不同的材料质地给人以软硬、虚实、滑涩、韧脆、透明与浑浊等不同感觉，并影响着建筑形式美的审美品格。"生硬者重理性，熟软者近人情；重理性者显其崇高，近人情者显其优美。"

根据建筑物的功能使用适宜的建筑材料，以造成特有的质感和审美效果，这类成功之作很多，如北京奥运国家游泳中心水立方，其膜结构已成为世界之最。水立方是根据细胞排列形式和肥皂泡天然结构设计而成的，这种形态在建筑结构中从来没有出现过，创意非常奇特。整个建筑内外层包裹的 ETFE 膜（乙烯 - 四氟乙烯共聚物）是一种轻质新型材料，具有良好的热学性能和透光性，可以调节室内环境，冬季保温，夏季阻隔辐射热。这类特殊材料形成的建筑外表看上去像是排列有序的水泡，让人们联想到建筑的使用性质——水上运动。水立方位于奥林匹克体育公园，与主体育场鸟巢相对而立，二者相互映衬、相得益彰。

除了材料的运用外，建筑质感的形成，还可以通过一定的技术与艺术的处理，从而改变原有材料的外貌来获得。例如，公园里的水泥柱子过于生硬，若将它的外形及色彩做成像是竹柱或木柱，便能获得较好的审美效果。还可以通过使用壁纸漆、质感艺术涂料等墙面装饰新材料，在墙面上做出风格各异的图案及具有凹凸感的质地，掩盖原建筑材料的外貌，使墙壁更加美观，或使其达到特定的质感的审美效果。

第五节　建筑艺术的唯一性

建筑作品同其他任何一种艺术品一样，都具备唯一性，不可复制和抄袭。能大量复制的，仅仅是工艺品或日用品，而非艺术品。这就解释了为什么建筑设计反对抄袭，因为抄袭既是窃取别人的成果，也会损害原作者的权益，贬损他的作品由艺术品成为工艺品。我国现行的《中华人民共和国著作权法实施条例》规定，"建筑作品，是指以建筑物或者构筑物形式表现的有审美意义的作品"，是受到法律保护的。

第六节　建筑艺术的时尚性

时尚，就是人们对社会某事物一时的崇尚，这里的"尚"是指一种高度。时尚是一种永远不会过时而又充满活力的一类艺术形式，是一种可望而不可即的灵感，它能令人充满激情，充满幻想；时尚是一种健康的代表，无论是人的衣着风格、建筑的特色，还是前卫的言语、新奇的造型等，都可以说是时尚的表现。

首先，时尚必须是健康的，其次，时尚是大众普遍认可的。如果仅是某个比较另类的人，想代表时尚是代表不了的，即使他特有影响力，大家都跟风，也不能算是时尚。因为时尚是一种美，一种象征，能给当代和下一代留下深刻印象和指导意义的象征。

每个时代都有引领潮流的建筑师，都有新颖的建筑艺术风格，这些风格为众多设计师追随，为大众所接受和推崇而风靡一时，给建筑留下了时间的刻痕，追求时毫也使得建筑的审美趋势易形成明显的潮流，而不合时宜的又少有艺术性的作品，会显得另类而难以被接受。这些现象反映建筑有着时尚性，但这种时尚的时效性更为长久。

审美疲劳是人的共性，表现为对审美对象的兴奋减弱，不再产生较强的形式美感，甚至对对象表示厌弃，即所谓的"喜新厌旧"。但它也推动了时尚的新旧交替，层出不穷。在建筑界，时尚往往体现为一种建筑新的风格为设计师及用户所推崇，从而风靡一时，时尚性也要求建筑设计不走老路而应向前看，使作品具备"时代的烙印"。

第六章 建筑设计与环境艺术创新研究

第一节 建筑设计与环境艺术设计的融合

随着社会经济的深入发展以及人民群众生活水平的提高，大众对艺术的关注程度也越来越高。将建筑设计和环境艺术设计有机结合，能够更好地满足社会大众对于建筑的审美需求，设计师应采用多元化的设计语言，设计出更加优秀的建筑作品，在建筑设计和环境艺术设计之间找到平衡点。

建筑和艺术之间往往有着非常密切的联系，建筑自身也是一种独特的艺术，将建筑设计和环境艺术设计相互融合，能够更好地满足社会发展的需求，在当前社会阶段，生态环境引起了人们的重视，环境艺术设计也是生态建设的内在要求。因此将建筑设计和环境艺术设计有机地融合，具有非常现实的指导意义。

一、建筑设计和环境艺术设计概述

建筑设计概念经过长时间的发展具有了全新的内容，发展方向也更加明确。传统的建筑设计指的是单纯的建筑施工，设计师和现场施工人员并没有本质上的区别，在开展设计工作时，需要结合建筑使用者的需求开展建筑设计工作，并在这个过程中融入自己的创意，这种设计方式在社会中被广泛使用。建筑本身也是艺术的一种表现形式。在经济日益发展的现阶段，建筑设计被赋予了更加丰富的内容，设计师在设计过程中既需要满足业主的需求，还需要考虑建筑的施工成本，只有将自己的设计想法融入设计方案中，结合多种因素才能设计出更优化的方案。设计方案对于建筑施工来说非常关键，因此设计师需要在设计方案中重点标注相关施工问题以及注意事项等。随着社会经济地不断发展，建筑单体设计和生态环境之间的问题逐渐引起了人们的关注，生态环境建设以及房屋建设的主体都是人类，因此我们需要在建筑设计过程加强对生态环境的关注，从而更好地满足人们的使用需求，也就是说，建筑设计可以有效地解决人们对于室内环境的需求，环境艺术设计能够有效地满足人们对室外环境的需要。

二、建筑设计与环境艺术设计的融合路径

（一）创新设计理念

要想使建筑设计和环境艺术设计更好地融合，需要对设计理念进行创新，这个过程具有一定的复杂性，全新的设计理念从提出到实践需要经过很多程序的检验，才能保障设计理念的科学性以及可实施性，在实际的施工环节才不会出现质量问题和意外情况。对于建筑设计理念来说，一旦确定使用，在后期就会很难进行修改，因为中间涉及的流程太多。这也使得设计理念在设计之初就要具备一定的可实施性，同时还需要设计师研究制定出多个设计方案，经过反复比对，挑选其中最合适的设计方案，应用到建筑施工中，同时还需要足够的时间才能对设计方案的可行性进行检验，如果取得了理想的应用效果，则说明设计方案能够进行大规模地使用。建筑设计师对于建筑设计方案起着至关重要的作用，因此设计师除了需要具备基本的职业素养，自身还需要具有良好的艺术素养，只有满足这两个条件，才能在设计过程中创造出优秀的作品。

（二）对评审制度进行完善

要想建筑设计与环境艺术设计更好地融合，需要完善建筑设计的评审制度。在建筑设计过程中，评审的工作人员需要结合相关法律对设计工作者展开有针对性的指导，将环境艺术理念融入其中，对设计师的设计方案展开研究分析，对其中存在的不足之处进行重点标注以及细致的讲述。通过这种方式，可使设计师在设计过程中更加重视环境艺术设计，了解环境艺术设计对于建筑设计的重要性。同时评审人员还需要了解建筑物的实际情况，做好相关的部署工作，使设计方案能够满足业主的使用需求，符合我国的相关法律规定。只有这样，评审制度才能更好地发挥自身的作用和价值，利用评审机制保障建筑设计的质量，促进我国建筑工程的健康发展，将建筑设计和环境艺术设计有机地结合在一起，实现城市的可持续发展。

（三）提高文化资源的整合水平

在建筑设计领域要想实现建筑设计和环境艺术设计的有机融合，需要提高对文化资源的整合水平。要在开展环境艺术设计过程中结合一定的人文文化，重视对文化资源的整理和收集工作，这就对环境艺术设计师提出了更高的要求，需要他们提升自身的资源整合水平。在环境艺术设计过程中，设计师需要根据设计对象研究出科学的设计方案，需要对设计方案展开全面的分析和研究，掌握环境艺术设计的方法，明确人文素材内容，将素材类型进行准确划分，结合建筑的实际情况对人文素材进行整理分析，形成系统的地区文化发展设计思路，对于其中关键的节点重点标注，筛选出有用的信息作为设计素材，对设计方案内容进行优化。在素材收集过程中，需要深入挖掘地区历史文化，在保护的基础上进行开发，促使环境艺术设计能成作为新时期文化传承的重要载体，采取多种措施保护好这些

人文文化。譬如在开展环境艺术设计时，设计师需要在保护传统文化的基础上，对于区域的人文文化进行形式和内容上的创新，将其应用在建筑设计之中。设计师也需要创新思维方式，使思维方式更加灵活，更加多元化，借助区域文化符号理解背后的文化内涵，这种对文化内涵的深入挖掘，使得区域文化与我国的传统文化有机地结合起来，形成全新的文化脉络。要根据环境艺术设计相关需求，对这种脉络结构展开研究分析，剔除其中不符合发展要求的部分，使环境艺术设计素材能够更好地满足社会大众的审美需求，也使环境艺术设计和建筑设计具有更高的价值。

环境艺术设计和建筑设计是相互影响相互融合的整体，二者之间的协调发展对于我国的城市建设具有非常关键的意义，因此需要创新环境艺术设计理念，完善建筑设计评审制度，如此才能保障建筑的质量，实现城市的可持续发展。

第二节　建筑设计与环境艺术设计的关系

随着社会的不断发展及人们对艺术的不断追求，建筑设计被赋予了新的历史任务。环境问题变成了世界的中心话题，环境的主体是人，人与环境又变成了建筑创作的关键。所以，深化建筑设计和环境艺术设计的关系的研究是特别重要的。本节对建筑设计和环境艺术设计的关系进行了具体的分析，具有一定的参考意义，供广大同仁交流讨论，共同对二者的关系展开研究。

一、建筑设计与环境艺术设计概述

（一）建筑设计

从宏观方面来看，建筑构造是人和自然交互的结果，建筑设计既满足人对自然的需求，又最大限度地减小对环境的影响。在这个设计阶段，原动力是人的需求，促进了设计活动的实施，也决定了设计活动的主基调。从人的方面来看，建筑是自然的一种粉饰方式，设计只有具备某种足够打动人的风格才可以得到人的青睐，所以，在规划上要互相协调、互相妥协。如今，建筑渐渐被认为是一连串互相联系的空间。

（二）环境艺术设计

随着人们生活条件的改善，环境艺术变成人们追求精神需求的目标。环境艺术设计综合性非常强，环境艺术的空间规划与艺术结构是综合的计划，包含了环境和设施的计划、造型和结构的计划、空间和装饰的计划等，表现方式也各不相同。环境艺术相对于建筑艺术而言更为普遍，赋予了环境一种特殊的感情，使其为人们服务。人和自然是互相影响的，环境由于人的存在而朝气蓬勃，人依附于环境，如果没有环境，人就不能正常生存，所以，人和环境的关系也要维护好。衡量一座建筑的规范不但要看其是不是具有优美的外形，还需要看其是不是具有配套设施与环保的作用。在城市的基础设施中，绿地占有至关重要的位置，对净化空气有着非常关键的作用，唯有搞好绿化才可以确保人们生活环境的美好。环境艺术设计是在工业和商品经济高度腾飞基础之上发展起来的，是经济、科学、艺术三者结合的产物。环境艺术设计能够把审美功能和实用功能相统一，最好的表现就是在建筑设计上。

二、基于环境保护理念的建筑设计的宏观思路

（一）基于保护自然与运用自然的建筑设计策略

建筑的设计是在小环境中实施的，尽管建筑的美感能够对四周的环境形成一定的推动作用，然而假如在设计的时候没有本着保护自然的原则，也许整个自然环境会因其而恶化。所以，在建筑施工中，要以保护生态体系与保护环境为基本原则，实施过程中需要使用节能环保的材料，尽量阻止有害的物质进入周围的环境中。要把保护自然与运用自然的设计理念紧密结合，促进生态体系健康发展。

（二）基于运用可再生资源的建筑设计策略

建筑的设计实际上也是对周围的物质与资源进行整合与运用，自然物质的关键特征就是存在着必然的循环性。建筑自身就是集合能源、材料和环境于一身，所以建筑材料也要具备循环运用的特征。建筑的设计师要依据自身的设计经验和灵感把建筑与材料进行有机结合，最大限度地运用自然界中的可再生资源，实现建筑设计生态的可持续发展。

三、建筑设计及环境艺术设计的关系

当代社会的快速发展对建筑设计提出了更高的要求，只有与环境艺术设计实施互相融合，才能满足人们对各种建筑的实用性与审美性的要求。随着经济与科技的发展，环境艺术设计要以其独有的特征对人们关于建筑的审美观念形成影响。具体而言就是，在建筑设计中做好生态环境艺术的充分表现，在进行建筑设计的时候，除了建筑物自身要服务于设计规范与人们感官需求外，有关的配套设施也是对建筑物所处地域生态环境指标实施衡量的重要因素。城市绿地体系是在城市中唯一具备生命特征的基础设施，不但可以推动城市生态平衡，而且对于改善城市面貌、绿化城区环境也具有关键的作用。

生态地理环境是由生物群落和无机环境共同组成的功能体系。在特定的生态系统演变过程中，当其发展到稳定阶段时，实现了生态环境的稳定与平衡。这是创造生态环境的一个不可或缺的条件。作为走在社会前沿的建筑业，对创造生态环境有着无法忽视的作用。城市是人类文明发展的标志，建筑是一个城市的灵魂，一个有着高贵灵魂的城市，一定有高贵的建筑。在建筑设计中，建筑只是环境的一部分，建筑美整体上是服从于四周环境的。

建筑作为稳定的无法移动的具体形象,总是要通过对周围环境合理而和谐地进行布局才可以完美呈现。绿色植物的季节性改变与易修剪的特征让其在营造建筑外部空间环境中变成不可或缺的要素。

另外,由建筑设计的概念可知,设计一般要考虑周围环境与建筑用地的整体布局。所以,在保证整体作用价值得以完成的基础上,建筑设计也一定会让城市绿地系统和生态环境系统这两部分环境艺术的组成获得进一步完善。比如通过完善建筑供水体系的设计,让建筑用地的绿化带可以得到充足的水资源,推动绿地系统的生态循环,而合理选择人工肥料并将其运用到城市建筑的地理环境中,又能推动建筑设计四周地域尽快完成生态平衡,达到环境审美艺术设计的有关要求。

随着人们生活水平的提高,人们的追求也有所改变,以前更多地追求温饱,当前则更多地寻求品质,生活水平愈高,追求品质也愈高。对于建筑而言也是这样,以前是"追求房子有顶",当前是"追求楼前屋后有景"。因此在这一要求的基础上,设计师在设计建筑时要把艺术也融入其中,让中国的建筑水平持续提高。随着可持续发展概念的提出,在建筑设计当中开始更深层次地表现环境艺术设计,对中国的环保建筑的发展起到较大的促进作用。要坚持可持续发展,人和自然和谐相处。在建筑设计中,科学地实施规划选址、高效地运用资源,满足人类的生活需要,是建筑设计和环境艺术设计融合的本质。

第三节 建筑设计和环境艺术设计

建筑设计是一项对综合能力要求很高的专业技术,需要经过长期的专业知识学习、实践、资料和经验的积累才能够到达一定的水准。近年来,设计师更加注重将环境艺术的相关因素融入建筑设计中,使建筑更具特色。这二者之间的关系一直是人们关注的重点,这里主要对建筑设计与环境艺术设计之间的关系进行深入探讨,希望能给相关的设计师提供参考。

建筑设计与环境艺术设计工作对于设计的立体思维和空间想象能力有着较高的要求。但是,某些设计从业人员在学习建筑设计专业的期间没有对上述两方面能力进行重视,在实际的工作当中存在着明显的设计思维能力和空间想象能力薄弱的现象。现如今,人们对于建筑工程的质量要求相对较高,建筑设计是建筑工程的重点,也是重要的环节,在城市化的发展中起到了不可磨灭的作用。为了提高建筑的美观性,要添加更多的艺术成分。尤其是环境艺术设计技术的添加,可使建筑设计具有时代意义。

一、建筑设计

所谓的建筑设计就是对建筑进行规划,达到一定的美观效果,最大限度地实现使用价值。在进行外部设计的时候，要充分体现周围的环境特点，和城市的特点相符合。人与环境之间的相互作用就是建筑设计，只有在设计的过程中充分考虑到人和自然的关系，才能体现出建筑设计的最终意义。在传统的意义上，建筑属于空间的范畴。有相关的学者曾提出这样的观点，中国的建筑是在平面上展开的。可见，建筑设计包含的内容较广，建筑设计的深度也相对较大。

二、环境设计

现如今，生态环境的恶化日趋严重，在建筑设计中也会融入一些生态环境艺术。建筑的美除了包含建筑本身的设计之美，还包含其他基本设施。对于建筑来说，城市的绿地设施可以在改善城市面貌的基础上保持整个城市的生态平衡，对城市的发展中发挥着重要作用。只有加强对生态环境建设的重视，才能为人们创造舒适、健康的生活环境。因此，建筑设计师应该从生态环境方面入手，将生态环境艺术和建筑设计相融合。

三、建筑设计与环境艺术的关系

对于建筑设计和环境艺术来说，二者存在着一定的联系。一个地区具有独特的景观建筑，那么这个建筑自身的设计和周围的环境必然是重要的影响因素。由于不同地区的人们对于自然环境的适应性存在着巨大的差异，对于建筑设计的要求也有明显的不同，这就导致了建筑设计以及环境艺术的多样性。建筑和环境的有机结合，是建筑设计也是环境艺术追求的最高境界，同时也反映出人和自然的和谐性。最重要的是由于建筑设计和环境艺术之间的关系，造就了不同的地方特色景观，成为一笔较为宝贵的财富。

建筑设计和环境艺术之间的关系为现如今社会信息共享增添了一定的色彩，使人们的审美取向呈现出多样性，减少了建筑风格同化的问题。这种不同的建筑景观和人文景观也增加了城市的美感。同样，这种特点也成为一个城市或者是一个地区的明显标志。

建筑结构能够体现出一个城市的特点，是城市最重要的组成部分。将建筑和绿色的环境相结合，造就了城市与众不同的景观效果，这就是一个城市的艺术形象。而且，建筑设计和环境艺术设计可以分别用不同的学科来进行分析，会发现其中不同的美感。从美学角度讲，建筑的艺术性应该立足于周围的环境，并与周围的环境从整体上互相衬托，体现出建筑设计和环境设计的完美融合，恰到好处地表现出城市规划的和谐布局。绿色植物的季节性变化和易修剪的特点，使其在营造建筑外部空间环境中成为必不可少的要素。从城市区域规划出发设想建筑与大环境的结合，让建筑的整体轮廓与周围的现有建筑相呼应，立面上虚实对比、色彩处理与环境格调相协调，流线上符合环境的肌理。从人的感觉出发想象建筑局部小环境的处理，通过人的生理和心理的感受塑造空间。环境是指与人类密切相关的、影响人类生活和生产活动的各种自然力量或作用的总和。环境问题是一个复合而复杂的问题，环境问题的可变性决定了"环境问题的实质是发展问题"。

四、现代环境艺术设计的改善措施

现代环境设计不仅能体现一个国家或者城市的经济发展水平，体现文化内涵和审美意蕴，而且还能体现生态意识。随着时代的进步和发展，现代环境设计中出现的问题更需要得到解决，以实现现代环境设计的科学、可持续发展。

（一）树立整体与和谐的设计原则

现代环境艺术设计是一项复杂的工作，各因素之间不是相互独立的而是相互影响的，环境艺术设计不仅要适应所在的自然环境、社会环境，还要适应社会发展的要求以及审美发展的要求。因此在设计中需要有一个整体的思路，来保证设计的整体性，以局部的优化实现效益的最大化。

在对设计有了整体性的规划后，就要努力实现人与自然的协调。树立正确的生态观念，珍惜自然资源，养成充分发挥自然资源价值的意识；还要坚持可持续发展观，尽量使用绿色资源、绿色原料，充分利用高科技技术实现资源的利用率最大化。

（二）将民族元素与时代特征相结合

在环境艺术设计的构思过程中，要对国内外的优秀作品和创作思路科学对待，对于优秀的作品要取其精华，学习其中的创新点和新颖思路，结合实际，兼收并蓄，为我所用。

对于我国的优秀民族元素，要结合时代元素，传承并且创新。环境艺术设计含有文化的性质，遵循着文化发展的规律。在文化发展的历程中，民族文化、传统文化与现代文化之间离不开继承和发展。现代文明必然会受到民族文化和传统文化的影响，而现代文明来源于对民族文化、传统文化的传承，两者相互借鉴、相互融合，从而使现代文化更加适应社会的发展。只有将优秀的传统文化和民族文化同时代元素结合起来，立足实际，才能够创造出符合中国文化需求的作品，才能够使作品有更长久的生命力和竞争力。

五、设计要注重多元化

当下，社会的发展越来越趋于多元化，使得环境艺术设计衍生出许多不同流派，这些流派的发展体现了环境艺术设计的发展形势，引领了环境艺术设计的发展。目前，环境艺术设计之中是以技术流、结构流、生态建筑流等为主要派系。在社会经济与文化的快速发展推动下，人们对环境艺术有了较高的要求，要求其更加多元化。作为环境艺术设计的工作者，在设计的时候一定要把握好设计的多元化，要注重将不同的文化、自然、思想等元素科学合理地融合，使人们的多种需求得到更好的满足。

随着时代的发展，人们的生活水平显著提高，对住房的要求也逐渐提高，我国的建筑业因此而快速发展。随着可持续发展理念的深入人心，环境艺术设计的理念必将更深层次地融入建筑设计中，对我国的绿色建筑事业迈向新台阶起到巨大的推动作用。在城市的规划建设过程中，应该坚定不移地走可持续发展道路，充分实现与自然的和谐发展。在对建筑的设计中，合理进行规划选址、高效利用资源能源、环境和功能来满足人类的生活精神需要，是建筑设计与环境艺术设计融合的本质。

第四节 建筑环境艺术设计中的情感意义

建筑设计师在完成建筑设计时，不仅要追求建筑在实用层面的价值，还要用自己审美意识与文化思想来影响建筑，设计对象也不仅仅是建筑本体，还包括建筑的内外环境。使用艺术手法完成对建筑环境的有效设计时，应注重设计行为背后的情感意义。本节针对建筑环境设计中的情感需求，探讨了可被运用到建筑环境中的情感语言，改善了建筑环境形象，凸显了设计中的情感意义。

建筑所形成的环境给人们提供了主要活动场所，塑造这种环境时，需要将物质形态与精神形态充分结合，环境中所具有场所的精神形态会使人们形成对建筑环境的感受，促进交流，也为人们的和谐相处创造条件。

一、针对建筑环境展开的艺术设计的主要情感表达方式

设计师可依照环境表达情感诉求与设计需要，通过各种具体的设计方法来表达情感，凸显情感意义。

（一）选择符号

在建筑环境中表现情感时，可用抽象化的符号来给人创造更为广阔自由的想象空间，也直接展示出设计者的情感，进而对处于建筑环境中的人形成情感方面的影响。通过运用人们熟悉的文化符号，唤醒人们对于建筑环境的认同感与归属感，突出基本设计思想与设计主题。以艺术化的方式在建筑环境中使用符号，对文化氛围进行烘托，不仅使环境富有感性元素，还能营造出文化氛围。在使用符号时，需规避布局重复的问题，保持符号的多样化。

（二）选用基础设施

虽然被引入建筑环境中的基础设施具备更多的实用意义，但是其与环境情感表达也存在联系。基础设施可看作人们进行精神活动与生理活动的基本载体之一，设计师不仅仅通过视觉感受来突出情感表达效果，还可考察人们存在的其他感官需求，通过基础设施使人们获取情感层面的享受。选择基础设施时，要充分考虑人们在生活与精神两个方面的需求，给人们提供休闲娱乐的空间，保障建筑环境中的人的生活质量。通过完备合理的基础设施为环境情感表达创设条件，使人们能够对建筑环境产生更多的积极的情感反馈。

（三）应用线条

线条是建筑环境设计的基本元素之一，通过线条能够对差异化的情感加以表达，正确恰当地运用线条能够使设计出的建筑环境更具灵活性与优美感。通过线条元素的具体曲折程度，使人们在情感方面形成波动，尝试利用线条来使人们在建筑环境中产生更多的正面情感，甚至可以通过线条形成对人的激励作用。如方向为向上或者向前的线条就具备激励的效果，与之相反的向下或者向后的线条则带来消极情绪，由此可知线条这一常见设计元素所具有的情感意义。设计师还可尝试采用多样化的线条组合方式，丰富环境的表达效果，强化呈现出艺术化情感，另外还能通过增强环境的趣味性进行表达。

（四）选择图像与搭配色彩

图像的运用也是建筑环境艺术情感表达的重点内容，能够将建筑环境情感直接表达出来，让人们更加直接地融入建筑环境当中。合理运用图像可以让建筑设计主题直接体现出来，让建筑环境拥有更加深厚的文化意蕴，能够培养人们的生活品味，提高生活质量。在使用图像进行建筑环境艺术设计的过程中，应该结合结构元素和色彩元素进行充分考虑，从而让图像能够和建筑环境保持协调状态，展现出建筑环境的协调性和统一性。

色彩的科学搭配能够直接体现出建筑环境的情感，从而给人们带来视觉上的冲击。为此在建筑环境设计过程中可以从视觉方面入手，丰富人们的情感体验。建筑环境和人们的生活想象、生活经验、实践活动以及知觉和物质形态之间具有密切的联系。建筑环境中的色彩设计也是评价建筑环境的艺术设计质量的关键，由此能够看出色彩搭配对于建筑环境艺术的重要性。建筑环境中的色彩设计主要包括两部分内容，分别是建筑环境的内部色彩和外部色彩。建筑环境内部的色彩设计能够体现出建筑环境中的家庭情感，而外部环境色彩则能够凸显建筑环境的艺术设计情感。为此在进行建筑环境外部色彩设计时，应该结合人们心理需求，利用各种现代化技术，根据相应的美学原理合理搭配色彩。建筑的屋顶、台基、门墙等位置也需要进行合理的色彩搭配，从而保证建筑环境色彩设计的一致性。

三、建筑环境中审美想象与情感意义

建筑环境艺术使人产生的情感体验与想象是以感染力较强的实体作品与自然事物为基础的，人所具有的各项心理功能都进入活跃状态后，再去观看设计作品与自然环境，就会激发想象活动，当人的情感、心境与观赏物在某一方面形成一致的节奏时，想象活动才会产生。以我国过去的建筑为例，厅堂部分采用规整的轴对称设计方式，其独有的造型、色彩与序列关系会使观赏者产生肃穆庄严的感受；当看到皇宫建筑中的太师椅与环境中黄色元素之后，大部分人都会直接联想到皇权；看到挂在长廊上的红色灯笼，就感受到节日所带来的喜庆气氛，这些元素都可以被看作是情感元素，所使用的方法也属于情感表达。中国画中的虚实结合与留白等手法也可移植到建筑中，通过极简的表达方式来给人们创设想象联想的空间，统一实用化与艺术化的设计效果。借助空间构成元素来组设语言环境，可表达独特的情调与意境，借助联想等行为间接地展示出建筑的内涵，呈现建筑环境独有的艺术魅力，使人们在精神与情感方面得到享受。

设计师透过建筑作品以及建筑环境来表达的情感，需要在领会人类可能出现的各种情感的基础上，掌握相应的情感变化条件，摸索出其中的规律，在塑造建筑环境与形象时使用更丰富的艺术方法，突出建筑环境情感意义的深度，让建筑表现出独特的气质，通过具体的艺术表现来调动人们的情绪，而后再形成更为持久的情感。总之，设计师还需要有更多的设计实践作为支持，以此来创造更富情感的建筑环境。

第五节　建筑设计艺术中的线条韵律与环境艺术

随着我国经济的快速发展，人们的生活质量得到了显著的提高，相应的需求也有所增加。为了更好地满足人们的需求，近几年，各类工程都在积极地进行建设，建筑工程就是其中比较常见的工程项目类型。随着建筑工程建设规模的不断扩大，人们也越来越重视建筑艺术表现手法的运用，这就不得不提到线条这一重要的表现形式，通过掌握线条韵律和环境艺术之间的关系，合理地运用，往往能够彰显出不同的艺术效果，体现现代建筑的特色。

在如今现代建筑设计的过程中，往往要求设计师能够掌握多样的表现手法，尤其要重视线条韵律和环境艺术之间的融合应用，以彰显建筑设计艺术的魅力。为此，在进行建筑设计的过程中，需要设计师提高这方面的意识，加强对于线条韵律以及环境艺术的理解；掌握二者的内在联系，结合实际情况进行利用，充分彰显建筑物的审美价值，使得线条韵律美得以体现，营造出良好的环境艺术氛围，促进现代建筑事业的良好发展。

一、线条韵律的艺术表现

建筑设计艺术中，线条以及线条与建筑之间的相互结合对建筑设计艺术的表现效果都有着至关重要的作用。在一定程度上可以说，线条决定着建筑设计结构的艺术风格，使建筑在不同的环境中有着不同的艺术形式。比如希腊的建筑多用直线，尤其是建筑中垂直而上的柱子显得分外鲜明；罗马式建筑则倾向于使用弧线来表现建筑柔美的一面；哥特式建筑则处理得更加细腻，由不同斜线组合而成的尖角，尖角表达着更加丰富的内容。任何一种线条在不同的建筑中的运用方式都是不同的，所呈现的艺术效果也是不一样的，但从某种意义上来讲，这些都展现着艺术美和风格美。中国的古代建筑从线条韵律上看融合了方与圆两种线条——飞檐翘角的曲线屋顶表现的是如羽翼般的潇洒飘举，横向展开的四合院方正规矩又象征着平和安宁。线条的运用有着悠久的历史，是人类最早运用来表达文明和艺术的符号。线条在运用过程中充分地展现了民族特有的文化和情感。不同的民族对线条的结合手法和展现方式也是不同的，长此以往，就形成了多元化的文化结构和艺术形式。

不可否认的是，线条韵律已经成了建筑设计的重要手段，通过合理地运用线条韵律，能够更好地表现建筑设计艺术。设计师们往往能够通过线条来进行设计与表达，这些交错的线条可以构成立体的空间，也能形成独树一帜的艺术形式。就建筑的艺术表现形式而言，与地域文化有着很大的关系。事实上，不同的地域之间，建筑线条韵律也有着明显的区别，无论是直线、曲线，在不同的审美文化下，呈现的建筑艺术美感也有所不同，这都是历史沉淀的效果。就线条韵律本身而言，直线与曲线是重要的表达方式，一般而言，直线会给人以单纯、挺拔之感，营造出庄严肃穆的建筑氛围，曲线则会给人以柔美之感。

（一）垂直线条和韵律的关系

垂直线条与韵律之间的关系是不容忽视的，垂直线条就是一种具体的线条韵律表现方式，通过加强垂直线条地运用，能够给人以高洁之感，还能表达出进取、庄重的效果。而如果这些垂直的线条指向高处，还会表达出强烈的超越感以及抱负感，这都是建筑线条韵律上的艺术表达，主要以垂直线条这种具体的表达形式体现出来，往往能够取得良好的表达效果。在如今的很多现代建筑设计中，都会考虑对其加以利用，例如泰州文化中心酒店的设计，就加强了这方面的考量，并成为当地的标志性建筑。

（二）水平线条和韵律的关系

水平线条与韵律之间也有着紧密的联系，在如今的建筑设计的过程中，已成为着重考量的方面，只有加深对水平线条和韵律之间关系的了解，才能充分地发挥出视屏线条的韵律艺术效果。就水平线条而言，与垂直的线条不同，通常会给人们以平和的感觉，从而让人们心生安定、松缓之感。在现代建筑设计的过程中，也会考虑到这一点，而且往往强调直线与大地之间的紧密联系，通过加强水平线条的运用，能够给人以宁静惬意的感觉，在近代建筑设计过程中，常常有强烈的体现，能够更好地彰显建筑物的功能定义。

二、建筑设计艺术中线条韵律与环境艺术的关系

在建筑设计艺术的表现手法中，线条韵律是重要的元素之一。为了取得良好的建筑设计艺术效果，往往要求有关人员明确建筑设计艺术线条韵律与环境艺术之间的关系。尤其对建筑设计师而言，更应该掌握线条这种特殊语言以及艺术表现形式，通过合理加强对线条韵律的运用，充分表达出建筑所蕴含的丰富感情，有助于创造出独特的艺术环境。事实上，在线条韵律所构成的环境之中，建筑与环境也有着相互依托的关系，只有让线条韵律与环境艺术做到真正融合，才能更好地创造出让人们满意的居住以及工作环境，从而促进社会的和谐发展。而就线条韵律与环境之间的具体关系而言，首先应该基于统筹的理念，因为脱离环境的建筑线条是不成型的，没有线条映衬的环境也是不具有艺术美感的。为此，在实际设计的过程中，对于一些固定的线条韵律就要加以重视，并且要综合各种因素的影响，使得建筑风格与这些

艺术表现手段融为一体，让线条韵律与环境艺术之间的关系更为紧密。

（一）线条韵律对环境艺术氛围的营造

实际上，线条韵律与环境艺术的关系是十分密切的，二者不能单独存在。就线条以及环境而言，都是建筑艺术形式的重要组成部分，通过加强线条韵律与环境艺术的有效融合，能够更好地表达出丰富的艺术内涵与文化内涵。就建筑设计艺术中的线条韵律而言，不仅仅是一种艺术表现手段，还能深刻地表达出民族文化气息。而这与特有环境的结合具有极大的关联，所以，线条艺术与环境之间具有相互依存的关系，二者的有效融合显得极为重要。通过二者的有效融合，线条韵律能够更好地加强环境艺术氛围的营造。在整体构建理念的影响下，线条是建筑艺术的表现形式，而建筑物又依附于环境，所以，在进行线条韵律的设计过程中，往往不能脱离环境而单独存在。对于设计师而言，在实际进行设计的过程中，还需要根据环境的特征来考量整体建筑风格，然后利用线条进行设计，对于建筑整体风格以及艺术表现都能进行整体勾画，表达出设计师的思想情感。虽然有些线条设计看似简单，但这都是建筑艺术表现的基础，而加强线条方面的设计，能够更好地营造环境艺术氛围，使建筑的艺术美感得以体现。

（二）线条韵律在环境艺术中的解读

在建筑艺术风格的设计过程中，线条韵律能够通过独特的艺术表现手法来彰显美学艺术价值，而环境艺术则为其提供了有利的条件。无论是哪种艺术形式，都与其所在时期以及民族特色有着极为紧密的联系，通过时间的积累，艺术形式的创新，诞生了各种各样的艺术手法。而线条韵律也是在这种大环境背景下诞生的，而且在实际运用的过程中，也只有将其融入所在的整体环境中，才能真正地发挥出它的作用，进而充分地展现建筑设计艺术风格特点，彰显其中蕴含的文化气息。

实际上，环境本身就具有文化属性以及艺术特征，无论是自然环境，还是建筑环境，都需要实践的沉积与磨砺，尤其建筑环境本身往往都蕴含着历史、文化以及艺术气息，同时也是某一地域在特定时间内文化以及艺术的高度概括。建筑设计中的线条韵律就是主要的映射元素，这种艺术环境氛围造就了这种线条韵律，线条韵律为建筑艺术环境增添了表现力。可以说，二者是相辅相成的，这一点不仅体现在中国建筑中，在全世界的民族建筑中都有所体现，在未来城市的建筑设计过程中，设计师们也一定会加强这方面的解读。

随着时代的不断发展，人们的思想认识也有所提高。近几年，经营管理者愈加重视与设计有关的工作，在如今的建筑建设过程中，需要有关单位做好建筑物的设计工作，充分体现建筑物设计的艺术性，彰显建筑物的审美价值。做好建筑的设计工作就变得极为关键，这就不得不提到线条韵律元素的应用，通过加强这种表现手段的应用，能够更好地让建筑与周围的环境融为一体，从而体现自身的艺术价值，极大地推动了我国建筑设计艺术的发展。

参考文献

[1] 徐恩国. 建筑设计艺术中线条韵律与环境艺术研究 [J]. 中国科技投资，2017（14）.

[2] 郭金刚. 对建筑设计艺术中线条韵律与环境艺术的研究 [J]. 科学与财富，2016（6）.

[3] 李瑞雪. 建筑设计艺术中线条韵律与环境艺术研究 [J]. 科学与财富，2016，8（4）：50.

[4] 许晓繁. 建筑环境艺术设计中的情感意义研究 [J]. 美与时代·城市版，2017（2）：7-8.

[5] 韩舒尧. 对建筑设计与环境艺术设计关系的探讨 [J]. 城市建筑，2017（2）：41.

[6] 徐卿涵. 探讨建筑与环境艺术设计 [J]. 建材与装饰，2017（8）：81-82.

[7] 姜艳艳. 建筑设计艺术中线条韵律与环境艺术 [J]. 黑龙江科技信息，2017（2）：261.

[8] 颜军. 建筑设计艺术中的线条韵律与环境艺术的解读 [J]. 建筑设计管理，2015，32（11）：69-70+93.

[9] 张雨飞. 建筑环境艺术设计对生活空间环境的影响分析 [J]. 民营科技，2018（3）：105.

[10] 李星. 环境艺术设计对生活空间发展的影响 [J]. 电子测试，2016（9）：150-151.

[11] 陆建霞. 试论室内空间的照明设计 [J]. 居舍，2020（1）：21，5.

[12] 张嵩. 浅谈灯光照明设计在住宅空间中的应用 [J]. 住宅与房地产，2019（25）：83.

[13] 黄晓敏，陈玉珂，杨明洁. 在不同室内空间中的室内照明设计探析 [J]. 居舍，2019（32）：95.

[14] 张芳，雷博雯. 浅谈人工照明与天然采光在室内设计中的应用 [J]. 企业科技与发展，2019（11）：90-91.

[15] 刘佳佳. 浅析灯光设计在室内空间中的作用 [J]. 戏剧之家，2019（27）：152.

[16] 付月姣. 室内设计中灯光照明设计探究 [J]. 花炮科技与市场，2019（3）：224，230.

[17] 秦毅. 情感化的室内光空间设计研究 [D]. 长春：长春工业大学，2019.

[18] 李红棉. 建筑学设计和室内空间环境艺术研究 [J]. 建材与装饰（下旬刊），2007（7）：28-29.

[19] 汪帆，刘严. 居住建筑内部空间光环境艺术设计研究 [J]. 现代装饰（理论），2015（3）：262.

[20] 王栋. 建筑室内外环境艺术设计教学要点分析 [J]. 中国电子商务，2013（20）：274.